短视频制作与运营

主 编 张 健

北京理工大学出版社
BEIJING INSTITUTE OF TECHNOLOGY PRESS

内 容 简 介

　　《短视频制作与运营》是以短视频制作与运营工作流程为基础，以实际企业工作为题材而编写的教材。本书的内容安排由浅入深、循序渐进，分为两大模块：实践篇和案例篇。实践篇的目的是帮助读者全面了解短视频的基本概念和行业定位。这部分内容包括短视频的定义、特点和应用领域，以及短视频运营的基本原则和思路。通过学习实践篇，读者能够对短视频制作与运营形成整体认识和理解。案例篇以四个具体的项目为例进行讲解。这些项目分别是网购商品短视频制作、美食探店短视频制作、旅游短视频制作、剧情短视频制作。通过分析这些具体案例，读者可以学习到不同类型短视频的制作方法和技巧，了解每个项目中的具体流程和要点。

　　本书图文并茂、层次分明、重点突出、内容翔实、步骤清晰、通俗易懂，既可以作为电子商务、移动商务、市场营销、国际贸易、数字媒体、动漫设计、计算机应用等专业涉及短视频制作与运营、数字媒体技术与制作、多媒体制作与编辑、视觉传达设计、数字营销与电商运营等相关专业必修课程与选修课程的教学用书或参考书，也可以作为短视频策划、拍摄、制作与运营岗位人员、个体从业人员的自学与培训用书。

图书在版编目（CIP）数据

短视频制作与运营／张健主编. －－北京：北京理工大学出版社，2023.11

　　ISBN 978-7-5763-3177-6

　　Ⅰ.①短…　　Ⅱ.①张…　　Ⅲ.①视频制作-高等学校-教材 ②网络营销-高等学校-教材　　Ⅳ.①TN948.4 ②F713.365.2

　　中国国家版本馆 CIP 数据核字（2023）第 233458 号

责任编辑：申玉琴	文案编辑：申玉琴
责任校对：刘亚男	责任印制：施胜娟

出版发行 / 北京理工大学出版社有限责任公司
社　　　址 / 北京市丰台区四合庄路 6 号
邮　　　编 / 100070
电　　　话 / （010）68914026（教材售后服务热线）
（010）68944437（课件资源服务热线）
网　　　址 / http://www.bitpress.com.cn

版 印 次 / 2023 年 11 月第 1 版第 1 次印刷
印　　　刷 / 河北盛世彩捷印刷有限公司
开　　　本 / 787 mm×1092 mm　1/16
印　　　张 / 17
字　　　数 / 380 千字
定　　　价 / 95.00 元

前 言
Foreword

众所周知，随着移动互联网技术的高速发展，短视频行业正在以惊人的速度崛起并迅速改变着人们的生活方式和娱乐方式。技术的进步是短视频行业蓬勃发展的重要推动力。用户可以通过智能手机随时随地拍摄、编辑和分享短视频，这使短视频创作更加简便和快捷。同时，人工智能技术的应用也为短视频行业带来了更多的可能性，如自动剪辑、智能推荐等功能，丰富了短视频的内容和用户体验。党的二十大报告指出，要"加强全媒体传播体系建设，塑造主流舆论新格局。健全网络综合治理体系，推动形成良好网络生态"。由此短视频制作与运营知识、技能的重要性得到了越来越多学习者的认同。本书不仅能够帮助学习者掌握短视频制作的技术和创作能力，还能够帮助学习者提升在短视频行业的竞争力和专业水平。

本书编写思想是以"产教融合"为牵引，以实际工作应用为出发点，大量结合企业工作，以企业工作任务为主要内容构建内容体系，在总体结构上力求做到由浅入深、循序渐进、理论与实践并重，突出实践操作技能；以简明的语言和清晰的图示以及精选的工作项目来描述完成具体工作的操作方法、过程和要点，并将实际工作中短视频策划、短视频拍摄、短视频后期制作以及短视频运营的基本思想贯穿于每个具体的工作项目中，让学习者通过学习本书内容提高实战水平。本书所用到的学习软件有 Adobe Premiere、Adobe Audition、Adobe PhotoShop 以及剪映。

本书由七个学习项目组成，它们分为两个模块，一个是实践篇，另一个是案例篇，具体如思维导图所示。

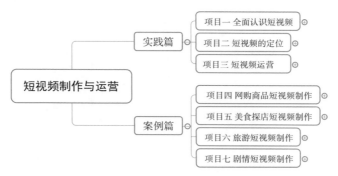

本书主要特色如下：

★项目主导、任务驱动：本书一共分为七个项目，每个项目又分成多个任务。每个项目的设置层层深入，带领学习者循序渐进地完成整个项目。在每个任务中穿插知识点，全面介绍如何拍摄与收集素材、如何制作各类爆款短视频及如何运营短视频账号等。

★重在实操、资源丰富：本书注重短视频制作与运营知识及项目制作的归纳总结，在介绍知识点的过程中配套微课视频，使学习者可以通过文字和视频的形式更好地对所讲知识进行双重学习与实操，还将思政元素融入知识学习与专业技能训练中，突显新时代精神和核心价值观。同时，本书还提供了PPT、项目素材、课程标准、课程试卷等立体化的学习资源。

★巧妙构思，趣味阅读：本书以一个刚入短视频行业的"小白"的成长为线索，以对话的形式讲解知识点，既增加了学生学习的趣味性，又使本书有别于其他教材；既让学习者可以开心地学习，又能与"小白"一起快乐成长。

★全彩印刷、版式精美：为了让学习者更直观地感受到短视频制作与运营的精彩之处，本书特意采用全彩印刷，而且版式精美，让学习者在赏心悦目的阅读体验中掌握短视频制作与运营的各项技能。

本书既可以作为电子商务、移动商务、市场营销、国际贸易、数字媒体、动漫设计以及计算机应用等专业涉及短视频制作与运营、数字媒体技术与制作、多媒体制作与编辑、视觉传达设计、数字营销与电商运营等相关专业必修课程与专业选修课程的教学用书或参考书，也可以作为短视频策划、拍摄、制作与运营岗位人员、个体从业人员的自学与培训用书。

本书是浙江商业职业技术学院国家"双高计划"电子商务专业群所在专业的专业核心课程配套教材，是浙江省高职院校"十四五"重点教材成果。

本书由浙江商业职业技术学院张健副教授完成。本书在编写过程中，参考了大量文献资料，引用了抖音、快手、小红书以及哔哩哔哩等平台的资料，在此对所有作者与平台表示诚挚的感谢。同时，教材编写过程也得到了中教畅享（北京）科技有限公司的支持，在这里一并表示感谢。

由于电子商务领域的发展变化较快，书中难免有不足之处，欢迎广大学习者批评指正。

目　录
Contents

实践篇

案例篇

实践篇

项目一　全面认识短视频

项目介绍

近年来国货美妆品牌在国内外市场上的影响力和认可度逐渐提升，受到了越来越多消费者的欢迎和青睐。国货美妆与短视频相结合，可以碰撞出激烈的火花，国货美妆品牌依靠短视频获得了巨大流量。本项目主要带领读者了解短视频的现状，以及面临的困境和处理对策，同时以公司或个人身份完成短视频制作，选择发布平台以获得更多的曝光。本项目将分成五个任务：任务一从基础了解短视频；任务二全面了解短视频行业发展；任务三短视频四大平台；任务四短视频营销；任务五短视频制作流程。

知识目标

1. 了解短视频基础、短视频制作流程。
2. 全面了解短视频行业发展以及短视频的四大平台。
3. 了解短视频营销的特点。

技能目标

1. 能对某个类目的短视频进行分析。
2. 能合理分析某个类目的短视频更适合在哪个短视频平台运营。

素质目标

1. 提高学生的创新意识和创造精神。
2. 增强学生的学习主动性和积极性。
3. 提高学生的团队互助意识。

思维导图

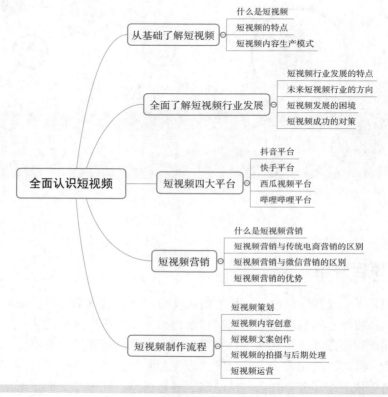

全面认识短视频

从基础了解短视频
- 什么是短视频
- 短视频的特点
- 短视频内容生产模式

全面了解短视频行业发展
- 短视频行业发展的特点
- 未来短视频行业的方向
- 短视频发展的困境
- 短视频成功的对策

短视频四大平台
- 抖音平台
- 快手平台
- 西瓜视频平台
- 哔哩哔哩平台

短视频营销
- 什么是短视频营销
- 短视频营销与传统电商营销的区别
- 短视频营销与微信营销的区别
- 短视频营销的优势

短视频制作流程
- 短视频策划
- 短视频内容创意
- 短视频文案创作
- 短视频的拍摄与后期处理
- 短视频运营

❓案例引入

　　小白是一位电子商务专业的应届大学生，应聘到一家互联网公司，经过层层选拔，凭借优秀的成绩脱颖而出，今天是他入职的第一天。

　　公司人事带他到工作区。就在这时，短视频项目运营部的黄总监走过来。

　　黄总监：欢迎来到公司成为我们的同事，以后大家一起努力工作，互帮互助，有问题一起解决。

　　小白：您好，黄总监，我是今年刚毕业的小白，很多事情不熟悉，请大家多担待。

　　黄总监：没问题。你先跟我到办公室，我带你了解一下我们这个岗位要做什么。

小白：好的。

黄总监：在教你具体的工作事务之前，先带你学一些与短视频相关的基础知识，包括什么是短视频、短视频行业发展、短视频平台、短视频营销和短视频制作流程。

小白：我在网上经常看见各种各样的短视频，但不了解它们是怎么制作出来的，请黄总监多多指教。

任务一　从基础了解短视频

课件

任务描述

分析美妆类短视频的特点以及美妆类短视频内容生产模式。

任务分析

了解什么是短视频以及短视频的特点，理解短视频内容生产模式。

相关知识

一、什么是短视频

小白跃跃欲试，黄总监也被小白积极的心态感染。

黄总监：好！那我就由浅入深地带你了解我们的工作。首先我先考你一个问题——多长时间的视频才叫短视频？

小白：我经常在网上看短视频，应该是 1 分钟以内的都算短视频吧。

黄总监（摇了摇头）：短视频，是视频的一种形式，时长一般在 5 分钟之内，所以又称微视频，是在互联网新媒体平台上进行传播的一种新型视频形式。随着数字经济的出现，视频行业逐渐崛起一批优质原创内容制作者，微博、抖音、快手、今日头条纷纷入局短视频领域，募集一批优秀的内容制作团队入驻。

二、短视频的特点

小白（立马提出了疑问）：那么短视频的特点是什么呢？

黄总监：短视频的特点可以总结为三点：①生产成本低，制作周期短，传播和生产碎片化，人人都可以是视频生产者；②传播速度快，社交属性强，覆盖范围广，不限年龄和地域，人人都可以是视频消费者；③生产者和消费者之间界限模糊，人人都可以兼具这两种身份，所以生产出来的短视频内容非常广泛且大众化。

小白（恍然大悟）：难怪我打开手机点进短视频平台就出不来了，能连着刷好几个小时。

黄总监：哈哈，因为随着用户利用碎片化时间的需求越来越强烈，时长短、内容完整、信息密度大的短视频正好解决了广大用户的这一诉求，所以会有用户刷短视频上瘾一说。

三、短视频内容生产模式

小白：那短视频内容有几种生产模式呢？根据我的了解，主要有五种，分别为 UGC（User-Generated Content，用户生产内容）、PGC（Professionally Generated Content，专业生产内容）、OGC（Occupationally Generated Content，职业化生产内容）、MCN（Multi-Channel Network，多频道网络的产品形态）、EOM（Enterprise Owned-Media，企业自有媒体），但具体的概念还不太清楚，可以详细讲解一下吗？

黄总监：简单来说，①UGC 就是用户一个人拍摄剪辑或搬运加粗剪创作。②PGC 是团队一起完成一个视频内容，主要来自新闻单位、非新闻单位网站或平台等机构。③OGC 是职场人工作上的要求，属于职务行为。④MCN 就是将 PGC 的内容结合起来，在资本支持下进行商业化传播。⑤EOM 是企业账号分享或宣传企业的内容。短视频内容生产模式——UGC、PGC、OGC 如图 1-1 所示。

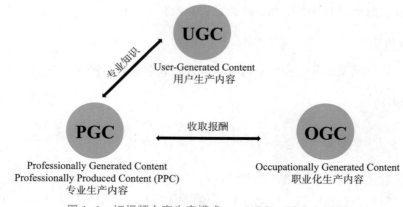

图 1-1　短视频内容生产模式——UGC、PGC、OGC

小白：这样解释一下，就一目了然了。

项目一　任务一从基础了解短视频

任务实施

1. 美妆短视频的主要特点

（1）时长短。美妆短视频一般时长在 1 分钟左右，最多不超过 3 分钟。短时长更容易吸引用户观看。

（2）实用性强。美妆短视频通常会讲解某种美妆技巧或方法，有助于用户学习和参考。

（3）视觉效果强。美妆短视频通常会使用特写镜头和慢动作等手法，更加直观地展示美妆过程和效果。

（4）互动性高。美妆短视频可以与用户互动，回答用户问题，提供个性化建议。

（5）更新频率高。美妆短视频可以根据时尚变化和用户需求，频繁更新内容，保持新鲜感。

（6）易于分享。短时长和强效果使美妆短视频更容易在社交媒体上分享，扩大影响力。

（7）成本低。美妆短视频的制作投入相对较低，设备和人力成本不高，但效果很好。

2. 美妆短视频内容生产模式

（1）个人创作者模式（UGC）。在这种模式下，个人美妆爱好者或专业美妆师自己制作和发布美妆短视频。他们可以分享自己的美妆心得、技巧和经验，展示自己的化妆技术，并提供个性化的美妆建议。

（2）品牌合作模式（MCN、EOM）。一些美妆品牌会与知名美妆博主或美妆专家合作，共同制作美妆短视频。美妆博主或专家可以展示产品的使用方法和效果，同时品牌也能借助他们的影响力提升产品的知名度和销量。

（3）社群互动模式。美妆短视频平台往往有一个活跃的社群，用户可以上传自己的美妆短视频，与其他用户分享和交流经验。这种模式下，用户可以互相学习、互相启发，形成一个互动的美妆社区。

（4）专业团队制作模式（PGC）。一些美妆短视频可能由一个专业的团队制作。这个团队可能包括导演、摄影师、化妆师、编剧等人员，他们共同合作制作出高质量的美妆短视频。这些团队可能与美妆品牌、电商平台等合作，为其制作专业的美妆短视频广告。

任务考核

1. 一般视频时长超过（　　）分钟不再称为短视频。
A. 20　　　　　　　　B. 10　　　　　　　　C. 30　　　　　　　　D. 60

2. 大学生拍摄多人情景剧需要采取的生产模式是（　　）。
A. PGC　　　　　　　B. UGC　　　　　　　C. EOM　　　　　　　D. OGC

3. 职业生产内容是指（　　），通常这种方式需要付给内容生产者一定的报酬。
A. UGC　　　　　　　B. MCN　　　　　　　C. PGC　　　　　　　D. OGC

4. 短视频的特点包括（　　　）。

A. 生产成本低　　　　　　　　　　　　　B. 社交属性强

C. 推广费用低　　　　　　　　　　　　　D. 传播速度快

5. 短视频内容制作的生产模式包括（　　　）。

A. UGC　　　　　　B. OGC　　　　　　C. EOM　　　　　　D. MCN

6. UGC 是个人制作，EOM 是企业账号分享，因此二者相互矛盾，不可兼得。（　　　）

A. √　　　　　　　　　　　　　　　　　B. ×

7. 由于 OGC 是职业性质的生产模式，而 UGC 是个人创作，所以 OGC 要比 UGC 视频更加优质。（　　　）

A. √　　　　　　　　　　　　　　　　　B. ×

任务二　全面了解短视频行业发展

课件

任务描述

短视频要进军美妆行业，需要了解美妆短视频的现状，以及面临的困境和处理对策。

任务分析

了解短视频行业发展的特点与未来短视频行业的方向，深入调研短视频发展的困境，提出短视频成功的对策。

相关知识

一、短视频行业发展的特点

小白了解了什么是短视频之后，越发想知道短视频行业是怎么发展到现在这种盛况的。

小白：短视频行业出现的时间对整个互联网行业的发展来说应该也不算长，那它是怎样发展起来的呢？它发展的特点具体是什么呢？

黄总监：这个问题很有意思，快手这个软件不知道你用不用，它是比较早出现的短视频平台，但即使如此，也是 2012 年正式以"快手"名称问世的，距今不过十余年，但需求可以成就创造，快手之后，由于入行门槛低，用户需求量大，易被大众接受，各行各业开始研究短视频行业，各类平台喷涌式出现。我们前面也说了，短视频非常符合大众碎片化娱乐需求，到 2017 年短视频平台功能已趋于完善，用户和播放量激增，各大短视频平台开始角逐。

小白：哦，原来短视频还有这么一段发展历程啊。那么，短视频行业发展特点是什么呢？怎么在这么短时间内就发展得这么成熟？

黄总监：短视频能够发展到现今"全民参与"，主要还是因为这个行业本身具备四个特点：①创作门槛低。随着各种拍摄硬件和软件性能的提高，拍摄一条短视频的步骤越来越简单，加上不需要专业的拍摄手法和表达技巧，短视频门槛自然就会降低。②碎片化娱乐。相比于文字、图片以及传统媒体等其他信息载体，短视频更利于传播，也有更强的感染力。③社交属性强。短视频是一种全新的社交方式，更多的人因相同的兴趣、话题聚在一起，能够满足参与者的围观心态和自我表露诉求。④精准的算法推荐方式。短视频行业实现了从简单的数据分析到数据清洗、利用，让用户人群得以细分，人们可以根据自身需要选择领域，实现与同类人群的精准沟通。

小白：哦，明白了，需要以掌握用户心理为主，结合平台生存的方式，才能做得更大。

黄总监：你理解得很透彻，只有让这种娱乐形式更适合大众参与，才能促进短视频的创作与传播。

黄总监：我再考考你，看看你知不知道，2022 年年初我国短视频用户规模是多少？

小白：这个我知道，高达 9.62 亿，将近 88.3% 的互联网用户使用短视频，而且人均单日短视频使用时长为 110 分钟，看来刷短视频花费的时间也不"短"啊。

黄总监：是啊，这也是短视频的魅力所在。

二、未来短视频行业的方向

通过前面的了解，小白又有了新的疑惑。

小白：现在短视频这么火，不创新就会被淘汰吧？那怎样才算创新呢？

黄总监：是的，互联网不创新必被淘汰，不单单是互联网，任何一个行业如果长时间不创新都会消失在湍流中。目前来看，未来短视频行业大致会向 AR、AI+短视频和 5G+短视频、短视频+区块链这几个方向发展。

小白：很有意思，可以讲得具体一点吗？

黄总监：AR、AI+短视频，AR 技术就是使短视频内容增添丰富的沉浸式体验，像现在的人脸投射到人脸上，实现换脸效果就是最好的例子。现在 AR 技术日趋成熟，不

仅在短视频行业，一些实体行业也开始运用 AR 技术。例如 AR 眼镜就是比较常见的应用在实际中的 AR 技术。哔哩哔哩平台的博主——华为终端，就有一条关于"华为 AR 地图"的短视频，你可以去看看 AR 在视频里怎么呈现，如图 1-2 所示。

图 1-2 华为 AR 地图   小白：AR 地图很精彩，那什么是 AI+短视频呢？

黄总监：AI 技术，即人工智能技术，该技术其实已经在很多领域有所应用，比如电影、电视剧特效或者一些网络虚拟角色等，而 AI 技术应用在短视频行业则可以给短视频增加更深层次的互动性，达到超越现实的感官体验。比如抖音的"时光穿梭机"就可以从年轻到年老，从年老到年轻，又或者像 AI 百变秀特效，上传图片生成想要的服装视频，类似的 AI 玩法和教程还有很多，你可以去各大平台搜索体验一下。

小白：哦，这么酷炫，真不错。

黄总监：是的，以后短视频肯定会在这个领域越做越广的。

小白：那 5G 技术跟短视频怎么结合啊？

黄总监：5G 技术与短视频的结合并不体现在前台，也就是不以画面呈现效果为主，更多的是给短视频提供后台保障。4G 的广泛应用使互联网行业向前迈进了一大步，出现了视频、直播等行业，而 5G 的网络承载力能达到 4G 的 1 000 倍，而且网速更稳定，为短视频的多样化发展提供了基本支持。想了解更多可以看哔哩哔哩平台的账号"老师好我叫何同学"测试 5G 速度的那一期视频（见图 1-3）。目前，5G 网络还未全方位普及，在

图 1-3 账号"老师好我叫何同学"测试 5G 速度

未来，5G 可能会通过视频实现远程医疗、智能农业等技术。

小白：是的，5G 技术普及，肯定会给我们的生活增添许多新趣味，冲击力会更大。

黄总监：最后是短视频+区块链，简单来说，就是用户看视频赚钱，而发布视频出钱，平台赚取中间价，比如今日必看和火牛这样的平台。

一句话概述就是基于区块链技术，搭建一个去中心化的短视频生态，让所有社区用户的贡献都有价值。项目架构拆解如图 1-4 所示。

图 1-4　项目架构拆解

小白：这种模式有什么发展空间呢？

黄总监：这个模式最大的亮点在于，解决了传统短视频平台中用户只是贡献者而不是获益者的痛点。你想啊，无论是站在用户、视频投放者的角度，还是平台的角度，都是赚钱的，有需求有商机。该模式技术难度低，商业逻辑清晰，运营目标明确，做好规划处理，值得深入探索。

小白：哦，原来是这样。

三、短视频发展的困境

一个行业不可能只有优点，小白想更全面地了解目前短视频行业的缺点。

小白：那短视频行业发展肯定不是一帆风顺的吧？会遇到什么样的困境呢？

黄总监（向小白投来赞许的目光）：我们可以从三个角度来看：①从用户接收角度来看，主要问题是内容同质化与叙事浅层化表达。另外，短视频商业化的程度越来越高，广告投入、直播带货和直播刷送礼要素过多，许多用户已经出现厌恶情绪。②从视频创作者角度看，主要问题是原创、版权与适老龄化难题，由于短视频创作者众多，能够脱颖而出的题材越来越少，很多创作者抄袭严重。③从平台角度看，主要问题是版权保护与行业监管松散。除此之外，还有资本卷入的困境。

小白：那很严重呀。

黄总监：对的，个别账号带坏网络环境，涉及不健康言论被永久封号。还有的账号进行恶意炒作，被官方点名封禁。诸如此类的事件还有很多。

小白：那平台确实该治理，如果继续放任，平台可能会"乌烟瘴气"。

四、短视频成功的对策

小白对此表示担忧，于是小白提出了怎样优化的问题。

黄总监：解铃还须系铃人，我们针对前面说的三个视角，可以从三个方面去调整。①在内容方面，鼓励视频创作者自创，维护原创作者的利益，减少利益化广告直白地出现，以软广告的方式创作短视频。创新盈利方向，实现多元化收益，比如高质量内容的付费收看和订阅收费。②在平台方面，更全面维护高质量内容创作者，杜绝低俗、不健康的内容出现，严格规划和执行平台管理规则。要保护好原创作者的利益，划分好并说明部分版权问题，以免视频创作者被告侵权而影响创造内容。③在用户接收视频方面，利用算法技术让不同用户接收与其爱好相匹配的视频，从而留住用户。

 **拓展知识**

项目一　任务二全面了解短视频行业发展

任务实施

美妆行业短视频的现状，以及面临的困境和处理对策

美妆短视频的发展现状和前景都比较好，抖音、快手、小红书、哔哩哔哩等各大平台对美妆短视频也有较大的市场需求。《2022抖音电商新锐美妆品牌白皮书》数据显示，2021年，抖音平台上新锐美妆相关内容播放量同比增长42.6%，超过其他美妆内容播放量。而根据《2022年快手美妆行业数据报告》显示，快手每天有超过60%的用户观看过美妆短视频。平均每天同时观看美妆短视频和直播的用户数近6 000万，同比增长92.2%。美妆类短视频内容播放量和完播量整体呈现增长趋势。在观看美妆内容的同时，用户也爱点赞、评论、分享等。

美妆短视频主要分为五种类型：①干货教程类，比如"骆王宇"。②化妆对比类，比如"欣欣每天开开心心"。③产品测评类，比如"老爸评测"。④产品开箱类，比如"大肚子油油"。⑤产品推荐类，比如"陈圆圆超可爱"。

但美妆短视频市场大也意味着美妆账号多，现在美妆短视频发展面临的困境主要有：①同质化问题严重。美妆账号多，但好的素材越来越少，很多视频内容都是千篇一律，过目即忘。②一贯到底的风格和模式。原创作者批量产出视频，视频内容不够创新，内容深度不够，换汤不换药，容易导致用户审美疲劳。③侵权行为频发。很多视频之间相互抄袭。还有一些美妆博主其实是同一公司旗下的，因此相似视频非常多，令人难以分辨。而且美妆短视频难以界定抄袭范围，短视频平台对此也没有非常严格的执行标准。

处理对策：①加大对相似视频的管控，减少照搬照抄类视频。②扶持原创作者，给予流量、热度，开启只针对原创作者的功能，借此鼓励更多的作者进行创新。③短视频内部对抄袭、侵权行为零容忍，保护原创作者的成果。

任务考核

1. 短视频发展面临着各种各样的问题，但其中不包括（　　）。

A. 内容同质化严重　　　　　　　　B. 抄袭严重

C. 平台监管松散　　　　　　　　　D. 群众版权意识降低

2. 短视频发展的特点不包括（　　）。

A. 创作门槛高　　　　　　　　　　B. 碎片化娱乐

C. 社交属性强　　　　　　　　　　D. 精准的算法推荐方式

3. 短视频未来发展模式包括（　　）。

A. AR、AI+短视频　　　　　　　　B. 5G+短视频

C. 短视频+互联网+　　　　　　　　D. 短视频+区块链

4. 短视频优化策略包括（　　）。

A. 扶持原创　　　　　　　　　　　B. 严控广告

C. 阻止短视频商业化　　　　　　　D. 降低版权管理权限

5. 随着短视频商业化程度增强，为避免用户对广告情绪化，应禁止在短视频中植入广告。（　　）

A. √　　　　　　　　　　　　　　B. ×

6. 短视频+区块链模式中，用户观看视频的次数决定着发布者的视频收入。（　　）

A. √　　　　　　　　　　　　　　B. ×

7. 短视频也可以作为一种社交工具，可以在线上私信聊天，也可以将属性相似的人聚集起来相互交流。（　　）

A. √　　　　　　　　　　　　　　B. ×

任务三　短视频四大平台

课件

任务描述

每个平台都有自己的消费人群，抖音、哔哩哔哩、西瓜视频以及快手四大平台也是如此，总结各平台最适合发布什么类型的短视频。

任务分析

了解抖音平台、快手平台、西瓜视频平台、哔哩哔哩平台的规则，整理出各平台最适合发布什么类型的短视频。

相关知识

一、抖音平台

小白了解了短视频的基础知识后，想更深入了解各大短视频平台的相关信息，为后续的工作打好基础。于是他向黄总监咨询了目前比较热门的几个平台。

小白：抖音应该说是目前最火的短视频平台，那抖音的发展和用户定位是什么呢？

黄总监：抖音是 2016 年 9 月上线的，比快手晚几年，因大众对其的喜爱和抖音平台自身的不断探索而逐渐火起来。目前已经超越其他平台位居榜首。抖音原本的定位是创意音乐短视频加社交，是一款定位于年轻人的短视频平台。

小白：那它只能拍摄短视频吗？我看现在玩法可多了。

黄总监：当然不是，现在增加了许多玩法，主要有三类：①有拍摄短视频上传或直接选中首页点击拍摄两种玩法，另外关联相关话题可提高播放量。②开启直播玩法，可以和其他博主 PK，用户可以看直播给喜欢的博主刷礼物，博主收到的礼物可以兑换成现金。③直播带货，相当于淘宝店铺直播，用户可根据自己的喜好买东西。

小白：这样细分我懂了，难怪一入抖音深似海。

黄总监：是的，像一些玩短视频创新的内容，由于故事性很强、原创性高、贴近生活，流量很可观。像一些主打直播的账号，比较擅长直播打 PK，通过"不服输""搞笑"等 PK 人设逐步为大众所熟知。不只是素人，现在很多明星也开始在抖音直播带货，通过明星效应带货，事半功倍。"三金七七"抖音主页如图 1-5 所示。

二、快手平台

小白又接着追问：那快手呢？快手算是最早一批上市的短视频平台了吧？

黄总监：快手的前身其实是 2011 年 3 月诞生的"GIF 快手"，起初是处理图片和制作短视频的工具，后来在 2012 年转型为短视频平台，正式以"快手"出道。后面也逐步为大众所喜爱，确定了社交属性，慢慢强大起来。

小白：这样啊。

黄总监：是的，但它现在的定位不同于以前了，现在是记录生活、分享生活的短视频平台。

小白：它的主要玩法是不是跟抖音差不多啊？我玩快手不多，但感觉它们都差不多。

黄总监：本质上是差不多，但还是有点区别。快手用户的定位是"社会平均人"，也就是人群更广，不过因为里面鱼龙混杂，平台曾被贴上"Low""低俗"的标签。而抖音起初技术性视频居多，而且音乐和画面都比较潮流，被贴上"潮""酷"的标签。不过目前快手也在积极整改。因为抖音规模不断壮大，很多玩快手的博主纷纷涌入抖音，导致抖音的视频质量没有以前好了。还有抖音是"强管理"模式，你刷的内容都是它通过分析你的用户画像推荐的，而快手是你自己随机发现的，强调"弱管理"，着重用户的主权。现在快手和抖音玩法差不多，包括短视频、直播、直播带货这三个模块的内容。"乡村振兴直播间"快手主页如图 1-6 所示。

图 1-5　"三金七七"抖音主页　　　　图 1-6　"乡村振兴直播间"快手主页

小白：其实我感觉"弱管理"更加尊重用户喜好，但是抖音的内容更加符合我的品位，两个都不错。

黄总监：现在短视频连续剧做得也不错，有点像微电影，但比传统的微电影短很多，剧情流畅生动，画面呈现效果好，信息量大，值得一看。给你推荐几个，比如"知竹 zZ"的《长公主在上》、"大宋佳人"的《夫人别演了》。

三、西瓜视频平台

黄总监：西瓜视频在 2016 年 5 月上线，跟抖音时间差不多，因为宣布花 10 亿元对短视频创作者进行大力扶持，用户数量暴增。在 2018 年 8 月突破 3 亿人。后面西瓜视频宣布全面发展自制综艺，并为此投入 40 亿元，打造移动端的综艺 IP。

小白：那它的优势是什么呢？我只看到它很烧钱。

黄总监：哈哈，一看你就不用西瓜视频。其实西瓜视频相当于横屏的今日头条，更加趋向于精致内容视频化、信息流资讯专业化。相比于抖音和快手，其门槛要高一点。

小白：我懂了，它偏向的就是专业性和学习性，而不是抖音、快手的娱乐性了。

黄总监：总结得很好。像"博物馆有意思"（见图 1-7）"平头哥的脑洞科学"（见图 1-8）等账号，几乎都是一些专业性很强的科普和知识传授博主。

图 1-7 "博物馆有意思"西瓜视频主页　　　图 1-8 "平头哥的脑洞科学"西瓜视频主页

小白看了几个西瓜视频发现确实其专业性更强，但娱乐性差些，从中可以学到很多东西，他打算以后多使用这个平台。

四、哔哩哔哩平台

小白对哔哩哔哩平台很好奇，感觉它和抖音性质完全不一样，而且这几年势头很猛。

小白：那哔哩哔哩平台呢？它好像横屏和竖屏都有，但是侧重于横屏。

黄总监：对的，它是短视频和长视频结合的形式，侧重于横屏，因为哔哩哔哩平台的视频除了质量高以外，时长普遍比抖音快手长一些。而且哔哩哔哩平台的竖屏出现的时间并不算长，现在仍在不停更新。更重要的是对于哔哩哔哩平台的视频性质来说，横屏会有更好的观感，如图 1-9 所示。

小白：对的，横屏看起来更舒服。那它的定位是什么呢？我记得是以二次元内容为主，不过现在好像什么类型的都有了。

图 1-9　"哔哩哔哩"平台横屏

　　黄总监：它的官方介绍是"中国年轻世代高度聚集的文化社区和视频平台"。哔哩哔哩平台的兴起不是单靠做二次元内容，而是靠从二次元社区逐渐向更泛化的兴趣视频平台转变实现的。现在哔哩哔哩平台的频道更丰富了，什么领域都有涉及。如图 1-10 所示，哔哩哔哩平台已经涉及很多领域了。

　　小白：对的，我总是看它的公开课频道（见图 1-11）和纪录片频道（见图 1-12），质量都很高。

图 1-10　哔哩哔哩
平台频道

图 1-11　"哔哩哔哩"平台
公开课频道

图 1-12　"哔哩哔哩"平台
纪录片频道

　　小白：那它的玩法有哪些啊？

　　黄总监：它主要有三大模块：①短视频和长视频相结合的短视频形式。②多个频道可供选择，如游戏频道、知识频道、电视剧频道、电影频道、漫画频道等，大都是高质量内容，学习娱乐兼得。③直播刷礼物，不过不同于抖音与快手，它不侧重于娱乐，更多的是学习类、教学类直播。

小白：确实是，我经常看到直播学习自习室，不过还是有娱乐视频直播的。

黄总监：肯定有，它还是比较全面的。你可以看一下"老师好我叫何同学"（见图1-13）"葵的精神世界"等账号的视频内容，除此之外，"小约翰可汗""芳斯塔芙"（见图1-14）等知识传播类账号势头正盛，从中可以学到很多知识。

图1-13　"老师好我叫何同学"哔哩哔哩主页　　　图1-14　"芳斯塔芙"哔哩哔哩主页

项目一　任务三短视频四大平台

任务实施

抖音、哔哩哔哩、西瓜以及快手四大平台最适合发布什么类型的短视频？

（1）抖音适合发布时尚、美妆、搞笑、舞蹈、美食等各种类型的短视频。抖音的用户多为年轻人，对时尚潮流和流行文化有较高的关注度。因此，可以在抖音上发布与时尚、美妆、搞笑、舞蹈和美食相关的短视频，能够更好地吸引目标受众的注意力。

（2）哔哩哔哩是一个以动画、游戏、影视等内容为主的综合性弹幕视频网站。哔哩哔哩适合发布动漫、游戏、影视、二次元创作、知识科普等类型的短视频。哔哩哔哩的用户对这些类型的内容具有较大的兴趣和较高的关注度。因此，在哔哩哔哩上发布与动漫、游戏、影视等相关的短视频，能够更好地吸引目标受众的注意力。

（3）西瓜视频适合发布各种类型的短视频，包括搞笑、美食、旅游、生活、科普等类型。西瓜视频的用户群体广泛，对多样化的内容具有较高的关注度。因此，可以根据具体内容的特点，在西瓜视频上发布适合的短视频，以吸引更多的观众。

（4）快手适合发布搞笑、生活、美食、体育、宠物等各种类型的短视频。快手的用户群体广泛且活跃，喜欢分享自己的生活和日常趣事。因此，在快手上发布与搞笑、生活、美食、体育、宠物等相关的短视频，能够更好地吸引目标受众的注意力。

任务考核

1. 快手诞生自（　　　）。

A. 2010 年　　　　　　　B. 2011 年　　　　　　C. 2016 年　　　　　　D. 2017 年

2. 以下属于短视频平台的是（　　　）。

A. 腾讯视频　　　　　B. 爱奇艺　　　　　　C. 小红书　　　　　　D. 百度贴吧

3. 快手平台的特点包括（　　　）。

A. "弱管理"模式　　　　　　　　　　B. "强管理"模式

C. 主要面向下沉人群　　　　　　　　D. 以长视频为主

4. 以下属于哔哩哔哩平台特点的是（　　　）。

A. 以长视频为主　　　　　　　　　　B. 以短视频为主

C. 短视频和长视频相结合　　　　　　D. 横屏和竖屏相结合

5. 西瓜视频、今日头条和知乎都是专业性比较强的短视频平台。（　　　）

A. √　　　　　　　　　　　　　　　B. ×

6. 抖音与快手在初期人群定位都是下沉人群，但是随着抖音改变策略，逐渐脱离下沉人群，因此比快手发展得更加快速。（　　　）

A. √　　　　　　　　　　　　　　　B. ×

7. 快手是一种"弱管理"模式，这种模式更加强调用户的隐私性和主观能动性。（　　　）

A. √　　　　　　　　　　　　　　　B. ×

任务四　短视频营销

课件

任务描述

抖音、快手、西瓜视频、哔哩哔哩这四大平台，哪个平台更适合发布美妆短视频？

任务分析

了解哪些营销属于短视频营销，短视频营销与传统电商营销的区别，短视频营销与微信营销的区别，理解短视频营销的优势。

相关知识

一、什么是短视频营销

既然知道了短视频的整个架构体系，那么就要开始了解它的运营模式了，也就是短视频营销。

小白：那我应该怎么理解短视频营销呢？

其官方解释为：短视频营销是内容营销的一种，主要借助短视频的形式，通过选择目标受众人群，将品牌或产品融入视频中，吸引用户了解企业产品和服务，最终形成交易。这样理解对吗？

黄总监：对的。其实短视频营销时代和内容营销时代是结合起来的，短视频的出现既是对社交媒体现有主要内容（文字、图片）的一种有益补充，同时，优质的短视频内容亦可借助社交媒体的渠道优势实现病毒式传播。通俗来说，短视频营销就可以理解为企业和品牌主借助于短视频这种媒介形式用以社会化营销的一种方式。

小白：哦，这样我懂了。

二、短视频营销与传统电商营销的区别

小白：短视频营销是一种比较新的营销方式，它与传统电商营销又有什么区别呢？

黄总监：你认为什么是传统电商营销呢？

小白：传统电商营销是交易型营销，它的特点是高效转化和较低的成本，强调将尽可能多的产品和服务提供给尽可能多的消费者。而当消费者想买某款产品时，一般不会

立马下单购买，而是先搜索再对比，最后选择产品。这会导致一个问题，即很多精致小众的非标品销量低。一方面，这类产品没有参数优势；另一方面，大量的低价仿制者也使产品迅速同质化。

黄总监：你说得很对。短视频营销是内容营销，而内容营销的特点是消费者的购物行为和购买行为出现了大规模的分离。因为在内容电商环境下，消费者在购买商品的时候，并没有处在"我要购物""我要逛街"的心态和场景下。

传统电商行业相当于淘宝、京东等电商平台，它与短视频营销最大的区别就是一个是直接营销，一个是视频方式的软营销，后者更容易吸引用户观看达到营销目的，也更容易提升品牌知名度。试想一下，你在逛淘宝的时候是不是通常抱有买到某样产品的目的，而看视频的时候并没有这种想法，反而是视频内容吸引你关注下单的。

小白：这么一说，确实是啊。

三、短视频营销与微信营销的区别

小白：短视频营销和微信营销又有什么区别呢？

黄总监：你能想到微信营销有哪几种方式吗？

小白：我只知道朋友圈、微信社群以及公众号三种形式。

黄总监：是的，微信营销主要就是这三大形式，微信营销是建立在微信大量活跃用户的基础上的，具备营销成本低、潜在客户群大、营销定位精准以及用户黏性大等优势。但它是个闭环，需要通过其他平台推广形成粉丝，然后通过提供各种服务来维持和管理用户关系，进行产品推广营销，而且只能在微信平台操作。而短视频营销渠道更加宽广，用户可以通过刷短视频的软广形式进行品牌或产品营销，减少用户对广告的排斥，更容易达成营销目的。而且短视频互动形式更多，可以通过点赞、收藏、转发、评论等进行互动，而微信营销在互动方面显然就弱一点。

四、短视频营销的优势

黄总监：我上面说了这么多，其实已经说出短视频营销的优势了，你能总结一下吗？

小白：①广告更深入人心，更能吸引用户观看，营销效果更好。②营销范围更广，各大短视频平台都可推广。③互动性更强，用户更有参与感。

黄总监：不错。短视频营销和短视频本身一脉相承，都更加娱乐化、碎片化，高效性、互动性和指向性也更强，但它还有一个优势，就是专业性更强，因为一个短视频需要经历策划主题、撰写脚本、声台形表的演绎以及拍摄和后期处理等一系列流程。例如，抖音账号"小小食界"（见图 1-15）广告和短视频内容融合得非常好，用户可以潜移默化地接收广告信息而不产生反感。再如，账号"葵的精神世界"（见图 1-16）曾发布一则小红瓶的广告，这个视频是一个非常专业的营销短视频，比起广告，人们把视线更多放在视频内容上，这就是短视频营销的魅力。

图 1-15 "小小食界"抖音主页　　　　图 1-16 "葵的精神世界"哔哩哔哩主页

项目一　任务四短视频营销

任务实施

抖音、快手、哔哩哔哩这几个平台，哪个平台更适合发布美妆短视频？

（1）抖音。

①产品属性。抖音平台最初定义为音乐创意类短视频平台，用各种音乐搭配短视频内容，成为风靡一时的娱乐方式。抖音以中心化强运营，主攻一、二线城市年轻群体，以精选内容为突破口，成为大众喜爱的短视频平台。

抖音的页面设置与快手、哔哩哔哩平台不同，快手是列表式设计，哔哩哔哩平台是陈列馆式设计，这两个平台更多是用户主动获取内容，只有抖音一打开就是全屏自动播放，这是典型的被动式触发，根本不给用户思考时间，根据用户兴趣推荐视频，拉长用户的停留时间。

虽然抖音有社交功能，会根据用户推荐视频，但还是以内容为主，通过一个个受欢迎的短视频内容让用户深陷其中，以一个个强运营的话题、活动让用户参与其中，形成轰动效应。而且，抖音有自己的算法机制，用户越喜欢看什么内容，越喜欢搜索什么视频，平台越会推荐什么内容，强调的也是以内容吸引、留住用户，而且经过"选择"的内容已经得到了更多用户的验证。在产品沉浸式设计的背后，是用户用较少的学习成本，获得娱乐上最大的满足。

抖音的产品属性，注定需要培育一批又一批的优质创作者，以各种各样的精品内容吸引更多用户。而且，抖音在内容上倾注的精力，注定了它不仅仅在意 1 分钟以内的短视频，还会大力扶持几分钟的视频，并成为主打，而背后真正的目的是用视频的形式替代文字内容的传播。

②用户构成。

抖音 App 最初的用户以一、二线城市的青年居多，但是随着平台逐渐壮大，抖音的用户群体早已从一、二线城市下沉到四、五线城市，除了年轻人，还有一些中老年用户。这导致抖音与快手对下沉市场的争夺更加激烈。一个平台在诞生之初通常先选择面向一部分人群，以此作为创业切入点，随着规模的壮大不断满足更多的用户群体需求，这是发展的必然，同样也是平台壮大的结果。

因为抖音的产品设计，让用户在较低学习成本基础之上快速沉浸其中，随着一个个得到验证和喜爱的内容消耗更多的碎片化时间。而且，抖音以内容推荐为主，以较低的创作门槛、容易参与的各种话题让用户陷入一种集体狂欢的氛围。抖音像是一个视频版的资讯分发，满足了这些用户对资讯、信息的获取需求，而其他内容的呈现则是电视节目栏目化思维，以精品的细分内容满足不同用户的需求。

③提供服务。

抖音可以精确分发内容，让每一个创作者生产的优质内容都能被更多的用户看到。抖音提供的服务不仅是技术上的支持，还有更多功能上的设置，以及信息视频化的打造。抖音不仅是一个获取资讯的视频内容平台，也是获取百科式内容的信息平台，将来还会朝着围绕影视的长视频平台发展。可以说，抖音的服务是围绕内容做优化升级，正因为有了这样的差异化服务，才让它与其他平台有所区别。抖音是用中心化的方式分发更多用户喜爱的内容，最早以人工为主导，如今以机器分发为重点、人工审核为辅助。所以，抖音的未来是以短视频为支柱，成为人们离不开的获取信息的窗口，接着再以视频化的各种精品内容成为影响大众认知的重要选择。

（2）快手。

①产品属性。快手是典型的社区定位模式，比起抖音，快手强调用户和用户之间的联系互动，让每个人都可以展现自己的价值。快手界面设置简单，标签栏上只有关注、发现、同城三个标签，因为快手不过多干涉用户的选择，而是通过让用户降低选择的代价，换取用户和已关注的创作者及身边的人更多的互动。但随着其不断更新，如今的快手 App 左边的侧栏中加入了一些新功能以及发现新内容的渠道，在右边搜索边框则加入了"热榜"、猜你认识的人以及发现的标签，这些都是为了更好地让用户找到自己感兴趣的创作者。

②用户构成。快手用户早期主要面向三、四线城市的下沉用户。但随着平台发展，用户规模和范围不断扩大，快手用户构成用阶层定义更加准确，而非单纯的一线城市与三线城市的区别。

③提供服务。从表面来看，快手提供的服务就是让用户在平台上生产，平台提供算法推荐及运营服务。其实，快手真正提供的服务是用互联网技术驱动平台，把短视频信息载体作为社交的切入口，构建属于自己的生态社交圈。可以说，短视频只是快手切入社交领域的楔子，将每个人的需求都紧紧连接在一起。同时，也会通过短视频的方式盘活线上线下。所以，快手不单单是一个短视频内容的分发平台，更是通过技术成为人与人之间紧密

联系的纽带，围绕每个人多元化的需求提供多样化的服务内容。而且，快手提供的是去中心化的服务标准，并非围绕少数精英给予集中服务，比如，虽然快手上的创作者"V手工~耿"（见图1-17）创作的都是传统观念里的"无用事物"，创作者"本亮大叔"（见图1-18）的歌唱水平距离专业歌手也相去甚远，但是他们依然可以得到大众的关注。

图1-17 "V手工~耿"快手主页

图1-18 "本亮大叔"快手主页

（3）哔哩哔哩平台。

①产品属性。哔哩哔哩平台源于垂直细分下的二次元领域，渐渐发展成为多领域的短视频与长视频综合平台。其实，哔哩哔哩平台的兴起不是只靠做二次元内容，而是靠从二次元社区逐渐向更广泛的兴趣视频平台转变实现的。

这种产品设计与之前视频网站的人工推荐不同，它以用户自主选择感兴趣的内容为先，通过用户对作品的点赞、转发、评论、弹幕等综合计算进行推荐，而不是单纯以播放量、点击量或观看时长来衡量。

哔哩哔哩平台的产品设计一端看重的是用户的自主选择权利，另一端对应的是通过用户的行为判定优劣内容，然后将两者匹配到一起。另外，哔哩哔哩平台为了与其他视频网站区分，强调自己的认同感，曾经宣布在视频内容中绝对不插广告，这是典型的祭品效应，即通过牺牲自身利益让用户建立信任感，提高用户黏性。

注册哔哩哔哩平台账号可以成为普通的注册用户，不能发送弹幕和评论，要想成为正式会员则需要通过答题考试。这就是故意设置障碍引起兴趣，让用户自然追求某个目标，实现之后获得的就是身份认同感。哔哩哔哩平台除了注册用户，还有会员用户和大会员。大会员处于最核心的位置，他们是平台最忠实的用户，享受平台赋予的功能最多，其他的会员、注册用户像一个同心圆的外延圈，吸引更多有兴趣的人加入。同时，产品的这种过滤机制也屏蔽了很多与平台不匹配的用户，留下的都是平台的忠实用户。

②用户构成。哔哩哔哩平台CEO（首席执行官）陈睿曾在公开场合称，哔哩哔哩平

台的用户群体来自 Z 世代，主要以"90 后""00 后"为主，他们有三个共同点：文化自信、道德自律和知识素养。正是因为有如此的用户群体，哔哩哔哩平台与其他视频网站产生了巨大差异。哔哩哔哩平台吸引他们的是高质量的 UP 主创作的视频与良好的互动社区氛围。如果我们用一个词形容哔哩哔哩平台用户，那就是兴趣。这里的兴趣与快手和抖音不一样，哔哩哔哩平台上的兴趣是指可以找到与自己志同道合的人，并且以相同的兴趣爱好交织在一起，以视频的信息载体加深彼此的关系，社交属性更强。最初，哔哩哔哩平台用户的兴趣主要来自二次元，如今则是向着多元化方向发展，让更多的人在这里寻找到自己的兴趣，找到志趣相投的朋友，大家围绕兴趣可以各抒己见，以知识作为彼此连接的工具。

③提供服务。哔哩哔哩平台将自己变成一个服务者，让用户自主选择喜爱的视频内容，找到喜爱的 UP 主，找到一群有相同兴趣的爱好者。对视频内容而言，哔哩哔哩平台想依靠更多不同的品类内容吸引不同阶层的用户，让短视频加长视频成为创作者传递价值的通用形式，通过一批批优质的创作者带动更多的创作者以视频内容的形式表达自己。不同的生长环境决定了事物不同的发展方向。哔哩哔哩平台最大的优势是拥有中国最年轻的用户群体，且忠实程度是其他平台不能比拟的。哔哩哔哩平台提供的服务就是通过产品上的一些过滤机制屏蔽不属于平台的用户，通过资深会员、大会员机制留住核心用户，因为哔哩哔哩平台承诺不做视频贴片广告，它需要摸索一套适合自己的生态商业打法，而自己服务的两端，一端是忠实用户，另一端是优质内容。

所以，哔哩哔哩平台的破圈一方面是为了拓展更广领域的用户群体，另一方面是为了寻找更适合自身的商业生态。其必定与抖音、快手有更多的交集，最明显的表现就是三家平台早都已经由从 0 到 1 的生长阶段进入拥有更广领域用户的成长期，而此时的垂直、深耕都是发力重点，知识化已经成为三家都看好的重点耕耘领域。

对哔哩哔哩平台而言，降低创作门槛，提高创作者的福利，产生更多的优质 UGC 会是未来服务的重点，也是不断破圈背后的真正用意；但要注意的是，降低创作门槛就意味着会出现鱼龙混杂的情况，现在哔哩哔哩平台已经出现这种情况，但程度比抖音和快手低，这也是哔哩哔哩平台后期发展应关注的重点。

从以上三大平台的具体分析，我们可得知，抖音是中心化平台，根据算法推荐用户可能喜欢的视频，让用户沉溺其中。快手是去中心化平台，主要是引导用户找寻自己喜欢的内容，各创作者也可以通过平台给不同用户推送，得到流量。而哔哩哔哩平台也是去中心化，但是主攻垂直视频，是实实在在的干货视频。从三大平台找到三个热门的美妆视频用户，如抖音平台的"颜纠所"（见图 1-19），快手平台的"Jio Jio 美妆"（见图 1-20），哔哩哔哩平台的"TinySom 美妆护理"。

"颜纠所"是一个抖音平台账号。该账号以美容、化妆为主题，分享了许多关于皮肤护理、化妆技巧和时尚潮流的内容。在"颜纠所"中，你可以找到各种化妆品的试用评测、妆容教程和护肤知识等。

"Jio Jio 美妆"是一个快手平台的美妆账号。该账号主要以美容、化妆为主题，分享了许多关于护肤、彩妆、美发和美甲等方面的内容。在"Jio Jio 美妆"中，你可以找到各种化妆品的试用评测、妆容教程、发型教程以及美甲设计等。

图 1-19 "颜纠所"抖音主页　　　　图 1-20 "Jio Jio 美妆"快手主页

"TinySom 美妆护理"是一个哔哩哔哩平台的美妆和护肤账号。该账号主要分享各种美容、化妆和护肤方面的知识和技巧，包括护肤产品的使用方法、化妆品的试用评测、妆容教程、美发技巧以及美甲设计等。

总结：抖音是国内最大的短视频平台之一，拥有庞大的用户基数和强大的社交分享功能。在抖音上发布美妆短视频可以吸引更多的观众。抖音的用户多为年轻人，对时尚美妆有较高的关注度，因此可以更好地吸引目标受众的注意力。虽然快手和哔哩哔哩平台也有一定的美妆类内容，但抖音更加专注于短视频的创意和视觉效果，能够提供更好的展示平台和更广泛的用户群体。因此，选择抖音作为美妆短视频的发布平台可以获得更多的曝光和影响力。

任务考核

1. 短视频营销的属性不包括（　　　）。

A. 碎片化　　　　B. 强娱乐性　　　　C. 高效性　　　　D. 强专业性

2. 微信营销的特点不包括（　　　）。

A. 用户黏性高　　B. 用户数量多　　C. 营销方式多样　　D. 营销成本高

3. 微信营销方式包括（　　　）。

A. 朋友圈　　　　B. 社群　　　　　C. 小程序　　　　D. 公众号

4. 短视频营销是一种（　　　）方式。

A. 直接营销　　　B. 软营销　　　　C. 内容营销　　　　D. 交易型营销

5. 短视频营销发展迅速，在未来可以取代图文营销。（　　　）

A. √　　　　　　　　　　　　　　　　B. ×

6. 微信推广方式多种多样，其中微信社群运营与微信朋友圈推广都是典型的付费推广方式。（　　　）

A. √　　　　　　　　　　　　　　　　B. ×

7. 短视频营销是一种内容营销，相比传统的营销方式，其更加具有指向性。（　　　）

A. √　　　　　　　　　　　　　　　　B. ×

任务五　短视频制作流程

课件

任务描述

制作美妆短视频需要哪些步骤。

任务分析

了解短视频制作步骤、每个步骤的工作与任务，这些步骤包括短视频策划、短视频内容创意、短视频文案创作、短视频的拍摄与后期处理以及短视频运营。

相关知识

一、短视频策划

小白对短视频的基础知识已经了解得差不多了，最后小白想再了解一下如何进行短视频策划。

小白：我如果拍摄短视频，应该怎么策划？

黄总监：创作者制作短视频的目的非常简单，就是吸引用户。因此我们在策划短视频时需要进行用户定位、内容定位、团队搭建以及脚本设计等。首先，我们需要进行用户定位。海量用户是短视频内容策划和制作的基础和前提，短视频内容策划需要收集用户信息，分析用户画像。

小白：分析用户画像是不是需要具备非常强的专业性呢？我刚开始制作需要收集哪些数据？

黄总监：需要收集用户基本信息和用户属性。基本信息包括用户规模、日活量、使用频次和使用时间等，这样可以帮助你确定发布平台和时间。而用户属性包括用户性别、收入水平、年龄及地域等，这样就可以初步进行用户定位了。另外，告诉你一个技巧，就是去短视频平台上找与你创作的视频内容相关的视频，遮住点赞数看完，之后猜数量，分析这些数据背后的原因，慢慢养成习惯，你就能在创作时直击用户痛点。

小白：好的，我回去就试一试。

黄总监：再然后我们就需要进行内容定位了，包括科普类、美食分享、生活记事、情感分享等内容。如果能够选择关注度高的内容领域制作短视频，则会起到事半功倍的作用，容易获得更高的播放量和更多用户的关注。刚开始从自己擅长的领域入手，结合自己的认知选择要拍摄什么样的视频，确定主题内容。

小白：好的，我想一想，我比较喜欢拍一些身边的小故事。

黄总监：嗯，这是个不错的题材，而且对专业要求不高，比较好上手。确定好视频主题后，就要搭建团队了，如果是拍摄身边事，那么一人即团队，如果是拍摄一些情景剧，一人无法在不影响视频质量的情况下完成，则需要多人相互配合完成，当然团队除了具备拍摄能力外，还需要具备内容策划能力、创新审美能力、营销推广能力以及数据运营分析能力。当然还得注重情感表达，不能自己都不清不楚，否则会影响传递的内容，还有细节要到位，好的作品的细节都是值得品味的。

小白：哦，我懂了。最后就是脚本设计了吧。

黄总监：对的，一个优秀的脚本可以提高拍摄效率、保证短视频主题明确以及降低沟通成本。写脚本要考虑时长、道具、台词、背景音乐以及镜头运用等，还要注意切入的视角，比如是以"我"的视角去讲述故事还是以第三人称来讲述，这很重要，如果一直换人称可能会让观众产生误解。

图1-21　"邱奇遇"抖音主页

小白：我记住了，拍摄前先写脚本，脚本包括确定主题内容，以用户喜欢的角度切入，感情基调明确，人称注意别弄混，最后多分析点赞数。

黄总监：最近比较热门的"邱奇遇"就是拍摄生活琐事的账号，视频平平无奇但文案写得很有意境。我记住了几句："我知道，用生活写成的作文，没办法有小说的虚幻，不能把遗憾放在故事里成全，但当文学的浪漫，把半边天都晕染，无尽的黄昏也会让人觉得圆满"，在这个视频里包括旁白押韵、小事情和情感，可以让观众切实感受到语言的魅力，你可以去借鉴一下，其抖音主页如图1-21所示。

小白：确实写得很好，视频旁白很有故事性，我回去可得好好看看。

黄总监：有的账号是以日记的形式记录生活琐事，它突出的是正能量，你看它的视频可以感受到一种积极向上的生活态度。

小白：哦，学到了。

二、短视频内容创意

小白：那内容创意要怎么做呢？

黄总监：首先最好是原创，模仿超越也可以，但是原创得到的流量更多，而且很多短视频平台也在多多鼓励创新。可以结合最近的热点，比如情人节快到了，我们现在就可以策划内容，等情人节时再推送。视频内容最好具有故事性，故事性中最好要有一次到三次的转折。如果不拍摄具有故事性的短视频，也可以创作才艺展示视频或宠物日记视频，与同类视频产生差异性，给用户留下印象。举个例子，抖音的"小笼包是只猫"

（见图1-22）是听得懂人话的猫咪设定，比如某个固定的动作或叫声，给人留下固定的印象；抖音的"财才说"开头的"系好安全带，发车了"和结尾的"好了，到站下车，这里是财才说，听更多商业背后的故事"等台词，都是令用户印象深刻的记忆点。

图1-22 "小笼包是只猫"
视频页面

小白：那就是说拍短视频时需要增添一点自己的味道，这样才能让用户记住我。

黄总监：是这个道理。模仿翻拍也是可取的，但这不是长久之计，有创意才能在同类视频中脱颖而出，人们总是更喜欢新鲜事物。

小白：确定了领域不知道写什么怎么办呢？

黄总监：这就需要我们在日常生活中不断地积累知识、增长见识了，平常要多观察周围事物，多分析别人的成功之作，吸取经验。也可以从不同角度思考同一件事情，然后拍出自己风格的视频。要记住成功永远不是单靠幸运，更多的是靠自己的能力。

小白：明白了。

三、短视频文案创作

小白：基本内容算是确定了，如果我要着手写文案，要怎么写呢？

黄总监：短视频文案是短视频的精髓所在，可以采取借助热点、加强互动性、挖掘用户痛点、引起用户共鸣、使用原创元素等技巧。通过"包袱加反转""套路"等表现形式将故事清晰地表达出来，注意叙述的逻辑性，然后润色文本，润色就是让普通的话语华丽起来，再把节日或热点添加进去，并制造出故事的"转折"，切记故事不能无厘头，要走心，这样的文案才能吸引用户观看。

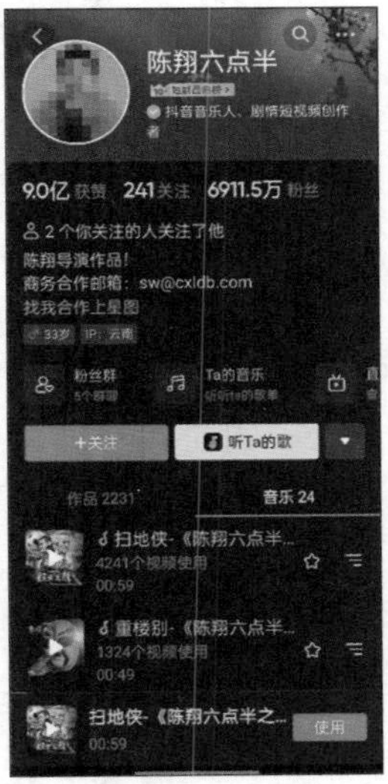

小白：添加这么多进去，会不会混乱？

黄总监：适当添加，但至少要保留一个与节日或热点相关的内容，这样可以达到引流的目的。文案中的"转折"是吸引用户观看的秘诀。比如"陈翔六点半"是在抖音平台上非常受欢迎的一个账号。这个账号的主要内容是由陈翔本人创作和演绎的搞笑短视频。他通常在每天的六点半发布新的视频，因此得名"陈翔六点半"。在这个账号上，你可以看到陈翔以幽默风格表演各种搞笑情景，里面"转折"的文案很受大众欢迎，包括小品、段子、配音等。他的视频经常以轻松诙谐的方式让人忍俊不禁，吸引了大量的粉丝和观众，其抖音主页如图1-23所示。

图1-23 "陈翔六点半"
抖音主页

小白：是的，这样更容易让我看完视频，提升了观赏性。

黄总监："转折"加事情再加趣味点就可以写成一个短视频文案。

小白：好的，我懂了，我回去就好好看看热门的视频，分析原因。

四、短视频的拍摄与后期处理

小白：内容部分准备好了，要开始上道具了，我要怎么拍摄呢？

黄总监：首先是拍摄工具的选择、人员的分工，以及脚本拍摄。工欲善其事，必先利其器，可以运用专业拍摄设备如手机、电脑、摄像机进行拍摄，除此之外还包括支架、无人机、稳定器、布光器械、收音器械等，后期可以运用 AE、PR、AU、PS 等软件进行合成制作。拍摄设备如图 1-24 所示。

图 1-24　拍摄设备

小白：只是口述还是没有具体的概念啊，有没有关于拍摄的书籍可以推荐一下？我可以提前学习。

黄总监：《零基础玩转短视频》《手机摄影从入门到精通》就很不错。

小白：那后期剪辑要运用哪些软件呢？

黄总监：目前市面上的视频剪辑软件很多，主要可以运用 Premiere、Edius、Audition、剪映等软件进行后期处理。

小白：这些软件都是主流的工具，我会尽快掌握它们。

黄总监：软件只是工具，要把它运用到项目中才是最重要。我后面会通过案例详细地为你讲解这些软件的用法。

小白：好的。

 知识园地

项目一　后期处理软件简介

五、短视频运营

小白：短视频拍摄完成后，就是短视频运营了。

黄总监：主要说一下发布和推广这两部分。首先是账号设置，在账号运营初期，要尽量选择让人一目了然的昵称，比如"毒舌电影"（见图1-25），一看就知道是影视剪辑的账号。然后设置头像和签名，二者与账号定位要一致，给人统一、专业的感觉。比如"One美食"（见图1-26），一看头像和名字就记住了这个账号，签名可以让用户更清楚账号定位。其他基本资料填写和账号绑定可以根据平台指引来操作。

图1-25 "毒舌电影"抖音主页

图1-26 "One 美食"抖音主页

小白：我知道了，那么注册好了这些是不是就该上传视频了？

黄总监：是的，上传过程中需要对短视频内容的标题、封面、标签、发布时间等进行选择，内容标题可以选择几个角度，①悬念式，比如"这么大只猫，竟然干出这种事，真是给我丢死人了"。②祝福式，比如"看见这只金丝猴，脱单中奖一条龙"。③夸张式，比如"挑战100种#土豆的神仙吃法——超大土豆饼！"。④陈述式，比如"炖牛肉喜欢直接下锅，那样炖出来又柴又硬，根本咬不动。跟我这样做"（见图1-27）。⑤祈求式，比如"可不可以被你再次看见？"⑥反问式，比如"今年年货不用愁，小优给你解烦忧！要问带点啥回家？"（见图1-28）⑦治愈式，比如"开心是一天，不开心也是一天，潇洒像它一样"等。可以多看看抖音热榜上的视频标题，也可以多看看热榜的标签。封面选择与视频相关的吸引人的图片即可，尽量不要选择元素过多的图片，因为这种图片让人无法看出封面图想要表达的内容。发布时间根据前面的用户定位进行上线时间分析，选择流量高峰期发布更佳。

图 1-27 陈述式标题

图 1-28 反问式标题

小白：好的，我明白了。

黄总监：另外，在发布视频时，可以运用@功能、地址定位以及带上话题等技巧，@功能是指在发布短视频时，设置@好友或@官方账号，比如@DOU+小助手等。通常@的都是自己关注的某个短视频达人，有可能该达人在收到提示后会观看该短视频，并进行转发，这样就能使发布的短视频被更多用户观看，从而获得更多的流量。在发布短视频时还可以选择地址定位功能，将地点展示在短视频用户名称的上方。由于地址定位功能本身也是一种私域流量入口，可用于商业推广，因此使用了地址定位的视频也会增加关注度。而话题是指平台中的热门内容主题，通常在短视频界面的内容介绍中以"#"开头的文字就是话题，如"#美食制作""#搞笑""#挑战赛"等。话题是短视频的重要流量入口，有利于吸引更多用户的关注。结合"#"功能发布视频如图1-29所示。

图 1-29 结合 "#"
功能发布视频

小白：短视频发布完成是不是还要进行推广啊？

黄总监：推广并非必要，但如果想要获得更多的流量和关注，推广是非常好的方法。推广主要分为付费推广和免费推广两种。付费推广形式多样，包括抖音的Dou+、快手的快手粉条、微信朋友圈推广以及哔哩哔哩商业起飞等。通俗来讲，就是花钱上热门。而免费推广更多的是依赖创作者，除了我前面说的几个技巧外，还包括参加挑战赛、PK站、参与热门话题以及参加平台的活动等，主要是自己要积极主动，使视频质量过硬，时刻彰显自己的存在感，简单来说就是哪里人多去哪里。当然，平台也会根据你的视频标签、标题以及内容分配一些免费的流量给你，所以发布的每一条视频都要严谨，内容要明确。

小白：嗯，我明白。现在算是整体了解短视频运营了，那能不能推荐一些书籍或视频来更加细致地了解短视频运营呢？

黄总监：《短视频运营实战》《从零开始做内容》这些书籍都很不错，你可以看一下。另外抖音账号"追风"也介绍了不少与短视频相关的知识。

小白：好的，我等下就去看，抖音账号我也会关注，持续学习。

项目一　任务五短视频制作流程

任务实施

制作美妆短视频需要哪些步骤？

（1）确定主题和内容。首先确定你想要展示的美妆主题，例如日常妆容、特殊场合妆容、彩妆特效等，然后准备好所需的化妆品、工具和道具等。

（2）规划剧本和流程。根据主题，规划好整个视频的流程和剧本，确定每个步骤的顺序和时间安排，考虑要展示的关键步骤和技巧。

（3）拍摄准备。找到一个适合拍摄的位置，确保背景整洁、光线明亮。准备好摄像设备，可以使用手机或专业相机来拍摄。

（4）录制化妆过程。开始录制你的化妆过程，确保摄像稳定。可以使用多个角度来展示不同步骤和技巧，确保清晰可见。

（5）编辑视频。将录制的素材导入视频编辑软件中，剪辑和整理素材，移除不必要的镜头或错误。添加过渡效果、音乐、字幕等，以增加视频的吸引力。

（6）调整速度和尺寸。根据需要，可以调整视频的播放速度，加快或放慢化妆过程。也可以裁剪视频尺寸，适应不同的社交媒体平台要求。

（7）添加说明和提示。可以在视频中添加文字说明或语音解说，介绍每个步骤的目的和方法。或者在视频编辑软件中添加字幕，为观众提供更详细的指导。

（8）导出和运营。完成编辑后，将视频导出为常见的视频格式，选择适当的分辨率和画质，然后可以上传到社交媒体平台，向观众分享你的美妆技巧和成果。

任务考核

1. 在抖音发布短视频，以下方法不属于获取免费流量的是（　　　）。

A. @功能　　　　　　　　　　　　　B. Dou+

C. 带话题标签　　　　　　　　　　　D. 开启地址定位

2. "希望点进这个视频的人都能逢考必过"，这属于（　　）标题。

A. 祝福式　　　　B. 发问式　　　　C. 治愈式　　　　D. 祈求式

3. 常见的短视频剪辑软件包括（　　　　）。

A. PS　　　　　　　　B. Pr　　　　　　　　C. 爱剪辑　　　　　　　　D. 剪映

4. 短视频策划步骤包括（　　　　）。

A. 用户定位　　　　　B. 内容定位　　　　　C. 设备检测　　　　　D. 脚本设计

5. 在发布短视频时，需要注意的是（　　　　）。

A. 账号昵称与视频内容相关　　　　　　　　B. 账号昵称与账号定位相符

C. 账号设置符合平台规定　　　　　　　　　D. 账号简介字数越少越好

6. 分析用户画像就需要收集用户信息，其中用户的基本信息包括用户规模、日活量、使用频次和使用时间等。（　　　　）

A. √　　　　　　　　　　　　　　　　　　B. ×

7. 短视频营销其实就是一种广告营销。（　　　　）

A. √　　　　　　　　　　　　　　　　　　B. ×

拓展任务

在互联网上调研小红书平台

1. 背景

小红书于 2013 年 6 月在上海成立，它是一款社交电商平台。小红书最初是一个分享海外购物心得和商品推荐的平台，旨在帮助中国消费者了解和购买全球的时尚、美妆、生活类产品。根据官方数据，小红书月活用户突破 3 亿人次，日活用户超过 1 亿人次。小红书现阶段更注重 UGC 分享和口碑传播，紧紧抓住网购主力军。小红书的内容创作者和 KOL（关键意见领袖）拥有极高的社交影响力，影响力仅次于微博和微信公众号。在整个 2021 年，小红书的 GMV（商品交易总额）超过 2 000 亿元。随着用户数量的增长和功能的扩展，小红书逐渐发展成一个集社交、内容创作和电商于一体的综合平台。

黄总监：为了开拓市场，让公司更上一层楼，明年公司准备在小红书上开展业务，你帮助读者一起完成公司交给你们的拓展任务。

小白：收到，与读者一起完成任务，是我的荣幸。

2. 任务内容

（1）了解小红书平台的发展历程和成功原因，以及该平台用户的特点。

（2）分析小红书平台的市场规模和发展前景；分析该平台的优势以及可能存在的问题与困境，并据此提出一些建议。

3. 任务安排

本任务是一个团队任务，要求成员运用以上讲解过的知识分工协作完成，时间为 7天，完成后上交调研报告，并做好交流的准备。

素养提升

党的二十大报告指出要"加强全媒体传播体系建设，塑造主流舆论新格局"。作为新媒体领域的成员，我们在工作中更应遵守短视频平台规则，打造良好网络生态。规则里面说明了什么是可以做的，什么是不能碰的。大家可以扫码来了解。

1. 抖音网络社区自律公约

抖音网络社区自律公约

2. 快手电商社区管理规范

快手电商社区管理规范

3. 哔哩哔哩社区规则

哔哩哔哩社区规则

课程测试

1. 不定项选择题

（1）微信营销的特点不包括（　　）。

A. 用户黏性大　　　　　　　　　　　B. 营销定位广泛

C. 潜在客户群大　　　　　　　　　　D. 营销成本低

（2）以下属于短视频+区块链模式的是（　　）。

A. 知乎　　　　　B. 小红书　　　　　C. 抖音　　　　　D. 今日必看

（3）常见的短视频互动方式不包括（　　）。

A. 点赞　　　　　B. 私信　　　　　C. 分享　　　　　D. 评论

（4）西瓜视频与抖音、快手相比具有的优势是（　　）。

A. 大众化　　　　B. 碎片化　　　　C. 专业性　　　　D. 娱乐性

（5）短视频营销比起传统营销方式的优势不包括（　　）。

A. 内容专业性更强　　　　　　　　　B. 用户参与感更高

C. 实时互动性更强　　　　　　　　　D. 营销范围更广泛

（6）以下属于短视频内容类型的是（　　）。

A. 烟草类　　　　　　B. 食品类　　　　　　C. 军事类　　　　　　D. 生活类

（7）对于短视频的优化，我们可以从（　　）方面进行。

A. 优化算法　　　　　B. 杜绝低质　　　　　C. 强化规则　　　　　D. 支持原创

（8）在进行短视频内容策划前需要（　　）。

A. 确定短视频时长　　　　　　　　　　B. 分析发布平台

C. 收集用户信息　　　　　　　　　　　D. 分析用户画像

2. 判断题

（1）主题策划、视频拍摄、后期剪辑、脚本撰写均属于制作一个优秀的短视频必经的步骤。　　　　　　　　　　　　　　　　　　　　　　　　　　　　　　（　　）

（2）哔哩哔哩是一个非传统性的短视频平台，该平台没有打赏和产品售卖功能。

（　　）

（3）快手与抖音最大的区别在于使用人群，并且这个差别越来越大。（　　）

（4）随着直播行业的发展壮大，市面上的主流短视频平台开始转为直播平台。（　　）

（5）传统电商营销比起内容营销，具有转化高效、成本低的优势。（　　）

3. 简答题

（1）短视频发展迅速的原因是什么？

（2）你喜欢哪些短视频平台？

（3）怎么看待短视频中夹带广告的行为？

综合实训

为了更深刻地理解短视频平台，下面通过具体的实训来加以练习。

1. 实训目标

除了上述学习的几大平台外，在你常用的短视频平台里，选择一个你最感兴趣的短视频平台。

（1）调查平台的发展现状和趋势。

（2）研究该平台的特点及其用户特点。

（3）分析平台当前面临的困境，并结合自身认知，提出一些针对性的优化建议。

2. 实训要求

（1）了解该平台的发展历程，不只关注热门视频，大博主只占平台的很小一部分，绝大部分都是中小博主，往往这些博主更能反映一个平台的具体情况。

（2）与同类型平台相对比，该平台的优缺点以及用户特点，找到适合你的视频类型的平台。

项目二　短视频的定位

项目介绍

随着中国经济和旅游业的不断发展，中国文旅市场逐渐升温。文旅是以文化和旅游为核心的综合性产业，既是推进国家经济发展和社会进步的重要战略规划，又是文化强国战略的重要内容和中国式现代化的重要抓手。在数字化时代下，短视频凭借短小精悍、互动性强的巨大优势，为新时代文旅融合发展带来新契机。本项目以文旅为方向，策划爱国人士林风眠故居的宣传短视频旁白，设计它的分镜，用于后期拍摄与制作。本项目将分成四个任务：任务一选择短视频内容的行业方向；任务二短视频用户的分析与定位；任务三优质短视频的内容设计；任务四短视频中景别与镜头运动。

知识目标

1. 了解短视频内容的行业方向。
2. 了解短视频的用户画像。
3. 理解短视频中的景别与镜头的运镜。

技能目标

1. 能打造优质短视频的内容。
2. 能根据短视频的内容设计分镜。

素质目标

1. 提高学生的创新意识和创造精神。
2. 增强学生的学习主动性和积极性。
3. 提高学生的团队互助意识。

思维导图

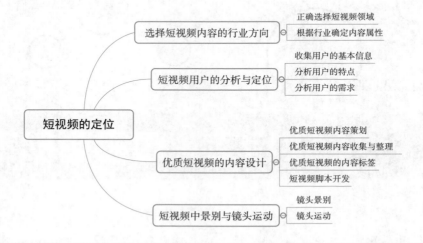

案例引入

黄总监：小白，那你也来公司一段时间了，进步非常明显，很多人都夸你工作做得到位，我也都看在眼里。

小白：我也只是做了力所能及的事情而已，还有很多地方要向前辈们学习。

黄总监：你真是谦虚了。这次叫你来，主要是因为我这里有一个新项目，打算交给你，毕竟你已经全面了解了短视频，这次任务也可以让你学习一些新东西。

小白：那太好了，是什么项目呢？

黄总监：这个项目是短视频定位。你对新时代发展下的短视频行业有什么看法呢？

小白：当今时代，短视频发展的速度令人咋舌，短视频行业是一个正在快速崛起、发展的新兴行业。

黄总监：嗯，既然这个行业这么热门，竞争自然也不会少，因此短视频定位非常重要，不然走错方向可是会吃大亏的。

小白：我明白，我会好好学习的。

任务一　选择短视频内容的行业方向

课件

任务描述

当下短视频的行业方向那么多，分析文旅行业作为短视频方向的特点与优势，以及文旅行业短视频所具有的内容属性。

任务分析

首先了解短视频的行业方向，正确选择短视频领域，根据行业确定内容属性。

相关知识

小白：黄总监，我了解了短视频的基本知识，那我该如何选择短视频内容的行业方向呢？

黄总监：你这个问题问得很及时，俗话说，知己知彼，百战不殆，我们要先选定自己的主攻方向，再来制定战术。

一、正确选择短视频领域

小白：那我们为什么要进行短视频定位？

黄总监：做出好视频的重要前提就是要有明确的定位。

（1）要明确自身定位。也就是了解自己擅长的领域，明确自己的兴趣以及方向。

（2）要明确平台定位。下面以目前规模最大的短视频平台——抖音为例，进行平台定位分析。抖音之所以能够快速火爆起来，离不开其精准的产品定位：

①市场定位。深度挖掘和开发本土市场，基于国内年轻人的喜好和口味来打造产品。

②平台算法定位。依赖今日头条平台强大的大数据技术优势，实现算法推荐，打造基于 AI 记录美好生活的短视频平台。抖音的算法逻辑如图 2-1 所示。

③平台总体用户定位。更多的是针对普通的用户群体，社交属性非常强，从而生成更多的优质用户原创内容（UGC）。

④营销定位。基于"智能+互动"的营销新玩法。目的是在短视频领域积累品牌自身的流量池，并尽量与其他平台的流量池互联互通、互相导流。当然，在分析平台定位的同时，也要分析与自身定位的匹配性。

（3）要明确目标用户定位。短视频软件会利用大数据算法把你的视频精准投递给目标用户，定位越精准，用户黏性越高，那么你的视频点赞、评论、收藏和关注数据也会

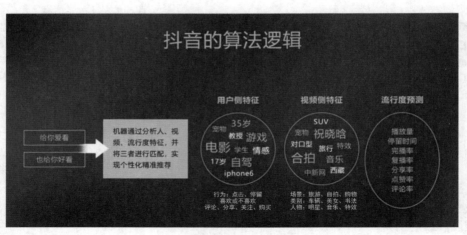

图 2-1　抖音的算法逻辑

更高。数据高对流量的获取很有帮助，这样就可以获得一个良性闭环。所以，短视频定位要符合目标用户人群口味。

小白：那么抖音有比较火的类别吗？

黄总监：其实抖音整体都是比较火爆的，抖音也在不断地整合这些类别，以达到最均衡的效果。短视频平台的类别有很多，覆盖面也比较广，可供大家自行选择。抖音也不例外，因此在了解自己的优势之后，可以很容易匹配适合自己的类别。非要说几个的话，数据较高的类别包括娱乐、美食、萌宠、搞笑等，这几个类别有一个很明显的共同点，你知道是什么吗？

小白：都是些接近生活的？

黄总监：哈哈，才艺好像也并不是很"接地气"吧。其实是这几个类别都比较适合在碎片时间看，大部分短视频都不是连续剧的形式，一条视频就可以获得很多看点，创作门槛相较于摄影、才艺等类别来说也比较低，每个人都可以从此处开始，去尝试、去发掘、去创新。

小白：嗯，确实是这样。

黄总监：为了帮助你将来在工作中更加快速地进行定位，下面告诉你三大核心要素。

小白：好啊，这样就可以更加准确了。

黄总监：第一个要素是专一。试想一下，为什么普通账号一直火不起来？这种账号往往都是记录生活的，而且是随手一拍，里面掺杂了美妆、搞笑、情感、旅行、美食、唱歌跳舞等。若你想在抖音的世界里拥有一席之地，专一才更吸引人。比如抖音博主"陆超"，他所有的视频，都是目不转睛、面带微笑看镜头，只有嘴在微微地动着、说着各种各样的祝福，最后以一句"真好"为结束。这种看似无聊无趣的模式，恰恰是让人们记住他的方法。毕竟，谁不喜欢被别人祝福呢？一提到祝福，就会提起"真好"，自然而然就想到陆超，这样的来回重复加深了用户对他的印象，这就是他的定位。其抖音主页如图 2-2 所示。

小白：第二个核心要素是什么呢？

黄总监：第二个要素是独特。每个人都有自己的特点，我们要做的就是去发现自己和别人身上不同的地方，漂亮的皮囊千篇一律，有趣的灵魂万里挑一。只有不同于别人的地方，才能被记住。比如抖音上拥有几千万粉丝的博主"黑脸V"，他是一个集技术与创意于一身的创作者，而且他的配文都很优秀。抖音上并不缺少高技术作者，那么他为什么如此受人关注呢？还有一个原因——他从不露脸。

他总遮着脸，自然不是靠颜值吸粉，靠的是高超的创意与剪辑技术，以及独特的神秘感，这可比美丽的外表带来的粉丝忠诚度要高得多，于是越来越多的人好奇他的外貌，而如果他外貌出众，自然会成为他的另一张牌，但如果不出众，相信他脱粉的数量也不会过多。他的人设独特得恰到好处，有足够的神秘感，又不会因过于神秘而让人反感。在抖音被各类露脸视频刷屏的时候，这样特别的人设会显得与众不同。其抖音主页如图2-3所示。

图2-2 "陆超"抖音主页　　　　　图2-3 "黑脸V"抖音主页

小白：最后一个核心要素是什么呢？

黄总监：最后一个要素是有梗。很多时候，我们记住一个人，往往是因为他做过什么事，摆过什么动作，说过什么话，这些形成了他的标志，让人一见到他就会想起这些标志，这就是形成了他独有的梗。

 知识园地

运用SWOT法进行行业定位

二、根据行业确定内容属性

小白：了解了短视频定位后，下一步应该怎么做呢？

黄总监：短视频定位完成后，就要开始转向内容了。我们可以以行业为中心，确定内容属性。我前面也提到了，做短视频一个非常重要的原则就是要选自己擅长的垂直领域，也就是自己擅长和了解的领域。比如懂化妆技巧的可以做美妆领域的内容，擅长唱歌的可以做音乐领域的内容，有绘画能力的可以做绘画设计方面的内容。

小白：那我应该怎么选择短视频内容才能受欢迎呢？

黄总监：每个平台都有自己比较火的题材，比如哔哩哔哩平台的鬼畜区、小红书的美妆类、快手的吃播类等。就拿鬼畜类来说吧，鬼畜类其实属于搞笑大类的一部分，而且是非常精华的一部分，很容易出梗、出段子，优质视频也比较多，这种视频在多个平台都很受欢迎。因为现如今人们生活压力大，各种复杂情绪扑面而来，所以搞笑便成了生活的养分，看过之后可以获得心灵的慰藉。但鬼畜类视频对创作者的要求比较高，需要激发灵感，当然如果没有足够的灵感支撑，可以先从普通搞笑类下手。"哔哩哔哩"鬼畜区分类如图2-4所示。

黄总监：美食类的火爆自然也是有原因的。毕竟民以食为天，再加上我国是美食大国，幅员辽阔，天南地北的人们饮食各不相同，相信你和我一样，看过这么多地方美食视频后，也有很多想吃但还没有吃到的美食吧。而快手的美食类尤其火爆，原因也很简单，因为快手主要面向下沉市场。做美食视频门槛低，受众广，人人都可以做此类视频，人人都可以消费得起一顿美食。虽然竞争激烈，但如果你想做也不必担心，因为做这种视频的成本非常低，容错性高，你可以多拍一些不同风格的美食视频，说不定哪一条视频就爆了呢！就像快手的博主"北京胖姐姐"，主要分享美食日常，胜在亲和、真诚，敢于挑战各种食物，经过慢慢积累，也拥有了一大批粉丝。其快手主页如图2-5所示。

小白：那美妆类呢？

黄总监：小红书本来就是面向女性的，所以美妆类在小红书可以说是一骑绝尘了。你会在小红书看到各种美妆类视频，有化妆教学类的，有产品分享类的，有干货分享类的，可谓百花齐放。比如小红书上的博主"美妆学姐鱼丸"主要分享化妆经验以及行业内幕等。她的分享言之有物，专业、细致、严谨，说话也很有自己的特色，因此粉丝量比较多。其小红书主页如图2-6所示。

图2-4 "哔哩哔哩"
鬼畜区分类

图2-5 "北京胖姐姐"
快手主页

图2-6 "美妆学姐鱼丸"
小红书主页

黄总监：在这么多类型中，也有一些比较特别，可能都超出了你的想象，例如恶搞类、猎奇类，这种类型也有很多年轻人喜欢。

针对时下年轻人追捧的热点话题或是当今社会普遍存在的社会矛盾"深度"搞事情，然后其恶搞的结果往往可以达到一种共鸣或得到普遍认同。恶搞类和鬼畜类有点相似，但恶搞类更"恶"，搞笑成分略少，角度更加刁钻，更容易刺激人的内心和思维方式。

总之，不管最终选择什么类别，成功的捷径只有一个，那就是坚持，罗马不是一日建成的，没有任何一个大博主仅凭借一条视频就能获得百万粉丝。除了坚持之外就是创新，创新才能长久。只有不断拍摄，不断调整，不断尝试新东西，养成对数据的高度敏感性，辅以运营推广，你就会成功。

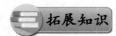 **拓展知识**

项目二　任务一选择短视频内容的行业方向

任务实施

1. 分析文旅行业作为短视频方向的特点与优势

（1）可视性强。文旅行业涉及的景点、文化遗产、美食等内容具有强大的吸引力，适合通过短视频形式展示。短视频可以通过生动的画面、精彩的剪辑和优美的音乐，直观地呈现旅游景点的魅力，吸引更多用户关注。

（2）故事性强。文旅行业有丰富的历史、文化和故事背景，这些故事可以通过短视频进行生动展示。通过讲述一个有趣的故事，短视频可以引起观众的情感共鸣，增加观看时长和用户参与度。

（3）互动性强。短视频平台提供了评论、点赞、分享等互动功能，观众可以与内容进行互动并表达自己的观点和喜好。文旅行业作为短视频方向，可以通过与观众的互动促进用户参与度的提升，并加强用户对景点的认知和兴趣。

（4）营销效果好。短视频作为一种流行的传播媒介，具有传播速度快、传播范围广的特点。文旅行业可以通过短视频进行品牌推广、景区推介等，吸引更多游客关注和参观。同时，短视频还可以通过植入广告等方式实现商业变现，为文旅行业带来更多收益。

（5）创意性强。短视频形式灵活多样，文旅行业可以通过有创意的拍摄和剪辑手法，展示景点的独特之处和吸引力。同时，短视频还可以通过配乐、文字等元素的运用，增强观众的观赏体验，提升视频的艺术性和趣味性。

2. 文旅行业短视频所具有的内容属性

（1）景点介绍。短视频可以通过图像和音频的结合，生动地展示各种旅游景点的风景、建筑和特色，向观众传达景点的美丽和魅力。

（2）文化体验。文旅行业短视频可以展示不同地区的传统文化、民俗风情以及当地的特色活动，让观众感受到独特的文化魅力。

（3）美食推荐。短视频可以介绍当地的特色美食，展示美食的制作过程和口感，激起观众的食欲和兴趣。

（4）旅行攻略。短视频可以提供旅行攻略和实用的旅游建议，包括交通指南、住宿推荐、景点顺序等，帮助观众更好地规划和安排旅行。

（5）旅行故事。短视频可以通过讲述旅行者的亲身经历和感受，展示旅行的趣事、感动之处和获得的启发，让观众有身临其境的体验。

（6）旅行小贴士。短视频可以分享一些旅行中的小技巧和注意事项，例如如何拍摄美丽的照片、如何应对突发状况等，提供实用的旅行建议。

任务考核

1. 进行短视频定位的步骤不包括（　　　）。

A. 明确自身定位 　　　　　　　　　B. 明确平台定位

C. 明确目标用户定位 　　　　　　　D. 明确产品定位

2. SWOT 分析法是常见的短视频定位方法，其中 S 代表（　　　）。

A. 威胁　　　　　B. 机会　　　　　C. 劣势　　　　　D. 优势

3. SWOT 分析法是常见的短视频定位方法，其中 O 代表（　　　）。

A. 威胁　　　　　B. 机会　　　　　C. 劣势　　　　　D. 优势

4. 短视频平台众多，每个都有自己的定位，明确平台定位的方法有（　　　）。

A. 营销定位 　　　　　　　　　　　B. 平台用户定位

C. 市场定位 　　　　　　　　　　　D. 平台算法定位

5. 进行短视频定位的核心要素包括（　　　）。

A. 专一　　　　　B. 独特　　　　　C. 专业　　　　　D. 有梗

6. 选择自己擅长的垂直领域是做短视频的重要原则。（　　　）

A. √　　　　　　　　　　　　　　　B. ×

7. SWOT 分析法中 T 代表威胁，主要包括内部自身威胁和外部竞争威胁两部分。（　　　）

A. √　　　　　　　　　　　　　　　B. ×

任务二　短视频用户的分析与定位

课件

任务描述

对文旅方向的短视频用户进行分析与定位。收集用户的基本信息，并分析用户性别占比、用户年龄属性以及用户地域属性等，再分析用户的需求，这样可以更精准地投放文旅类短视频。

任务分析

收集用户的基本信息、分析用户的特点及用户的需求。

相关知识

小白：在对短视频用户进行分析与定位之前，我们要做些什么？

黄总监：在进行用户分析与定位之前，内容创作者需要了解粉丝经济的概念和运作模式。粉丝经济是一种商业运作模式，通过提升用户黏性和口碑营销来获取经济利益和社会效益。过去，粉丝经济多集中在知名人士领域，例如歌星销售专辑、演唱会门票和代言产品等。然而，随着互联网的发展，粉丝经济已经扩展到多个领域，包括销售产品和提供服务等。

小白：粉丝经济的概念，我记下了。

黄总监：现今的短视频平台通过吸引粉丝来实现粉丝经济，为粉丝用户提供感兴趣的视频内容，并最终实现变现。因此，短视频账号的内容创作应该从粉丝用户的角度出发，制作符合他们口味的短视频内容。这也意味着在对短视频用户进行分析与定位之前，内容创作者需要深入了解目标用户群体，包括他们的基本信息、特点和需求。

小白：终于明白用户分析与定位的重要性了。

一、收集用户的基本信息

小白：我们要收集用户的哪些基本信息？它们分别有什么作用？

黄总监：对短视频账号的内容创作者来说，了解用户的基本信息和行为习惯非常重要。性别分布可以帮助内容创作者了解自己的受众群体是男性还是女性，从而更好地定位自己的内容风格和主题。年龄分布可以帮助内容创作者了解自己的受众群体主要集中在哪个年龄段，从而制作符合他们兴趣和需求的内容。设备分布可以帮助内容创作者了解用户使用的设备类型，比如手机、平板还是电脑，从而适配不同设备的观看体验。省份分布可以帮助内容创作者了解自己的受众主要分布在哪些地区，从而根据地域特点制作相关内容。活跃度分布可以帮助内容创作者了解用户的活跃时间段，从而在用户活跃的时间发布内容，从而增加曝光和互动机会。通过对这些用户信息的了解和分析，内容创作者可以更有针对性地制作内容，从而提高用户的参与度和黏性。

小白：我们可以通过什么工具来收集用户基本信息呢？

黄总监：目前工具有很多，我们可以用"抖查查"试试，但它是收费软件，这一点要注意。其主页如图 2-7 所示。

图 2-7　"抖查查"主页

小白：有免费收集用户基本信息的工具吗？

黄总监：有，"巨量百应"就可以，工具各有千秋。其主页如图 2-8 所示。

图 2-8　"巨量百应"主页

黄总监：抖音平台账号"房琪 kiki"，该用户群体以女性居多，同时青少年偏多，67.22% 为高活跃用户，用户中用苹果手机的偏多，用户集中在北京、成都、上海等城市，以一线、二线城市为主，具体如图 2-9 与图 2-10 所示。

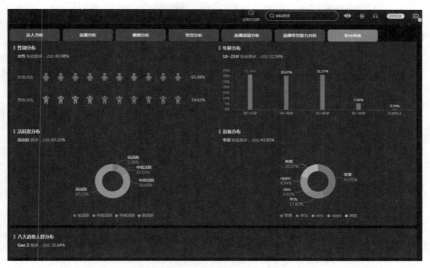

图 2-9 "房琪 kiki" 的用户画像分析（1）

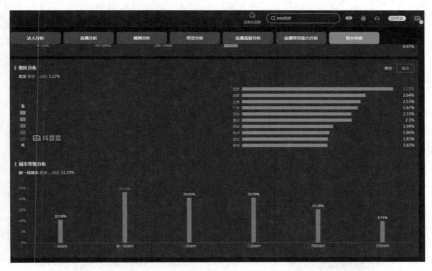

图 2-10 "房琪 kiki" 的用户画像分析（2）

二、分析用户的特点

小白：分析用户的特点应从哪里着手呢？

黄总监：在了解用户的基本信息后，内容创作者就可以分析出用户的特点，并从用户的特点出发设计短视频内容，从而迎合粉丝用户的喜好。用户的特点主要包括以下几项内容。

（1）地域分布，反映用户的文化程度、审美偏好。

（2）年龄分布，反映用户的内容偏好、认知程度。

（3）活跃度分布，反映用户黏性。

（4）设备分布，反映用户的消费水平。

例如，根据上文的用户特征数据可判断，用户对短视频的内容深度要求较低，消费领域较为集中，一线与二线城市的女性青年较多，由此可以推测其用户的内容偏好可能是旅行游记，变现的侧重点可能在女性感兴趣的女装、图书等领域。

三、分析用户的需求

小白：用户的需求主要分为哪几类？

黄总监：了解用户的特点后，短视频账号的内容创作者就可以借此分析出用户在短视频平台主要的心理需求。通常情况下，用户的需求可以分为以下六种类型。

1. 获取知识或信息

短视频内容如果能够提供对用户有用的资讯、知识或技巧，就能够满足用户关于知识或信息获取的需求。

"天润刘记麦芽糖"是一个在快手平台上活跃的美食账号。它的主要内容是展示各种手工麦芽糖的制作过程，传承中国传统食品制作工艺。在这个账号上，你可以看到许多手工麦芽糖的制作视频，从麦芽糖的基础制作方法到更高级的创意做法，都有涉及。这些视频通常会讲解麦芽糖的来历和文化内涵，让观众了解到麦芽糖的历史背景和制作技巧。"天润刘记麦芽糖"账号的特点之一是将传统的手工制作技艺与现代的视频技术相结合，让更多的人了解和欣赏中国传统美食的魅力。无论你是喜欢吃麦芽糖，还是想学习制作手工美食，这个账号都会为你带来一些有趣的内容和灵感。其快手主页如图 2-11 所示。

2. 引起共鸣

用户的共鸣主要体现在价值、观念、经历、审美、身份五个方面，即通过账号达人的 IP 塑造，让用户能够在上述五个方面的某一方面感受到认同或被认同，就容易达成满足用户的心理需求并引起用户关注的目的。

抖音平台的"暴走兄弟"账号，粉丝有 400 多万，这个账号主打的是旅行。这个账号的内容目前分为三个部分，分别是万里边疆行、住进西部以及环球旅行。作品得到了大众用户在价值观、经历、审美等方面的认同。作品展示了祖国的大好河山，同时作品还包含着作者的一些思考，这是引起用户共鸣的一种方式。其抖音主页如图 2-12 所示。

图 2-11 "天润刘记麦芽糖"快手主页

图 2-12 "暴走兄弟"抖音主页

3. 利益相关

当短视频内容与用户的个人利益、群体利益、地域利益或国家利益息息相关时，自然就能满足用户的需求并引起关注。

举个例子，抖音账号"人民日报"是人民日报的官方账号，其内容主要涉及与每个中国人息息相关的资讯或新闻，涉及群众、国家和国际等方面。截至 2023 年 8 月，"人民日报"账号拥有 1.7 亿粉丝，总点赞量接近 120 亿次，这是因为"人民日报"中的短视频内容具备权威性、重要性和实时性等特点。

4. 触及痛点

短视频账号的内容创作可以通过角色身份的塑造、常识认知的颠覆、剧情反转的设置、价值观念的对立等打造冲突，从而戳中用户的痛点。

图 2-13 "这是 TA 的故事"抖音主页

例如，抖音账号"这是 TA 的故事"专注剧情赛道，其中的很多作品反映的都是百姓的普通生活，但是里面又蕴藏着人生哲理，发人深思。作品有时会有一些反转，给人带来意想不到的结局，结局很温暖。其中有一个作品主要讲述的是女儿一开始不理解单身的父亲与张姨一起跳舞锻炼。后来通过剧情的反转，女儿偷听了张姨与父亲的一段对话，让大众知道父亲在慢慢变老，而在女儿面前每一次的"逞强"，都是不想给女儿增加生活的压力。但是，父亲平时孤单也想要有个伴说说话，相互照顾，结局是女儿认同了父亲的想法。这个作品父女情贯穿始终，中间又加入了剧情的反转，真是"双管齐下"。这个作品获得 14.8 万次点赞，3 055 条评论。"这是 TA 的故事"抖音主页如图 2-13 所示。

5. 满足渴望

渴望是指用户对某种事物或行为的愿望和期望，例如，对美食的期望、对小动物的爱、对父母亲情的渴望和对大自然的探索欲望等。很多用户观看短视频的目的是满足一些生活中难以满足的愿望，所以内容创作者在设计内容时，可以通过这方面的需求进行用户的定位和选择。

图 2-14 "世界美食 official"抖音主页

哔哩哔哩平台上的"世界美食 official"是一个专注于介绍各国美食的账号。它的主要内容是通过视频和文章向观众介绍各国的美食文化和特色菜肴。在这个账号上，你可以发现来自不同国家的美食，包括中餐、西餐、日料、泰菜，等等。这个账号的特点是提供了丰富多样的美食种类，覆盖了世界各地的特色食物。无论你是对某个国家的美食感兴趣，还是想了解全球各地的烹饪文化，这个账号都会为你带来各种有趣和美味的内容。它可以让你在家里就了解和欣赏全球美食的精彩之处，同时也是一个探索不同文化的窗口。其抖音主页如图 2-14 所示。

图 2-15 "青尘手绘" 抖音主页

6. 感官效果

用户从短视频内容中获取的感官满足主要来自听觉效果和视觉效果。听觉效果主要体现在唱歌类的账号发布的视频内容上，视觉效果主要体现在特效类和技术流的账号发布的视频内容上。

"青尘手绘"是一个在抖音平台上的手绘账号，该账号主要分享各种手绘作品和绘画技巧，包括风景画、人物画、动物画以及其他类型的插画和涂鸦等。在"青尘手绘"账号中，你可以欣赏到作者精心创作的各种绘画作品，同时也可以学习到一些手绘的技巧和方法。其抖音主页如图 2-15 所示。

小白：我明白了如何分析用户的需求内容。以后我策划短视频，就可以按这个类别去分析与定位用户了。

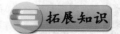
拓展知识

项目二 任务二短视频用户的分析与定位

任务实施

对文旅方向的短视频用户进行分析与定位

（1）兴趣与爱好。文旅方向的用户通常对旅游、文化、历史、景点等内容感兴趣。他们可能热衷于了解不同地区的文化遗产、美景、传统节日等，愿意通过短视频了解各种有趣的旅行和文化体验。

（2）年龄和地域。文旅方向的用户群体涵盖了各个年龄段，但以年轻人和中年人居多。地域方面，对旅游和文化有兴趣的用户可能来自不同地区，但城市用户可能更倾向于关注短视频上的旅游和文化内容。

（3）价值观。文旅用户可能更看重旅游目的地的真实性，希望对其有深度了解。他们可能更倾向于寻找能够提供有价值信息和独特体验的短视频内容。

（4）参与度和互动。文旅方向的用户通常对分享自己的旅行经历、交流旅游攻略等内容感兴趣，并愿意与其他用户互动，交流心得和建议。

（5）影响因素。在文旅方向的短视频用户中，有些用户可能会受到旅游达人、旅游博主等的影响，从而关注与他们相关的短视频内容。

根据以上分析，可以将文旅方向的短视频用户定位为对旅游、文化、历史和景点内容感兴趣的、年龄跨度广泛的、来自不同地区但城市用户居多的、看重真实和有价值信息的、愿意互动和交流的用户群体。针对这样的用户特点，制作有深度、有趣、有真实性的短视频内容，以及鼓励用户参与和互动，将更有可能吸引文旅方向的用户关注与留存。

任务考核

1. 截至 2022 年 6 月，我国短视频用户数量超过（　　　）。

A. 9.51 亿　　　　B. 10.81 亿　　　　C. 10.51 亿　　　　D. 11.51 亿

2. 目前，国内用户最多的短视频平台是（　　　）。

A. 抖音　　　　B. 快手　　　　C. 微信　　　　D. 哔哩哔哩

3. 如今短视频盛行，竞争也越来越激烈，我们发布视频的时间应尽量选在（　　　）。

A. 午饭期间　　B. 早起晨间　　C. 晚饭后　　D. 工作期间

4. 常见的短视频数据收集的工具包括（　　　）。

A. 卡思数据　　B. 飞瓜数据　　C. 蝉妈妈　　D. 百度指数

5. 短视频数据分析包括静态数据和动态数据，静态数据包括（　　　）。

A. 用户工作性质　　　　　　　　B. 用户地域

C. 账号关注数量　　　　　　　　D. 用户性别

6. 动态信息数据就是指用户的网络行为，包括点赞、分享、关注、评论等数据。（　　　）

A. √　　　　　　　　　　　　B. ×

7. 随着互联网的发展，短视频行业逐渐趋向年轻化，Z 时代的特征更加明显。（　　　）

A. √　　　　　　　　　　　　B. ×

任务三　优质短视频的内容设计

课件

任务描述

　　策划爱国人士林风眠先生故居的短视频旁白，为了更好地进行宣传，设计普通话版的脚本与杭州方言版的旁白，用于后期的拍摄与制作。

任务分析

　　首先，要掌握优质短视频内容策划，优质短视频内容收集与整理；其次，要学会给优质短视频的内容打标签，会开发短视频脚本。

相关知识

　　小白：下面我们是不是要学习短视频的核心——内容策划了？

　　黄总监：是的，前面说得再多也只是辅助，内容才是王道。在任何一个短视频平台，获取用户和保持用户活跃度的核心策略都是持续输出优质内容。短视频创作者持续输出优质内容并不是一件容易的事，需要在搭建内容框架、内容策划以及内容创作三个环节明确一些工作方法。

一、优质短视频内容策划

　　小白：具体应该怎么做呢？

　　黄总监：首先是内容策划，持续稳定地创作优质的短视频，不只要靠灵感，还要靠方法。对创作老手来说，他们已经有独属于自己的比较成熟的内容创作方法，我们主要从新手角度出发，以下三种方法可以帮助短视频新手创作者策划出优质的短视频内容。

　　（1）借鉴法。这种方法尤其适用于新手。因为大部分新手还不具备很强的原创能力，可以先借鉴学习别人的内容来不断积累，这种操作方法简单又实用。但借鉴不等于照抄，还需要在借鉴的素材上加入自己的理解和创新。比如，呈现形式创新、框架搭建创新、内容创新、画面创新、叙事方法创新等。

　　（2）扩展法。扩展法是指运用发散思维，由一个中心点向外扩散延伸内容的方法。拓展法又可以分三个层次：人物扩展、场景扩展以及事件扩展。

　　扩展法可以不断延伸热点话题，进行"批量"生产，利用此方法还可以一直紧扣热点，源源不断地创作出具有话题性的内容。

（3）四维还原法。简单的跟风不是长久之计，只会跑在别人后面。要想做出真正的"爆款"短视频，还需要拥有自己的特色，这时短视频创作者就可以利用一种更为高级的模仿模式——四维还原法，就是说我们不仅要分析他人的内容，还要深挖其背后的逻辑，真正变为自己的东西。这种方法主要有四个步骤：内容还原、评论还原、身份还原以及策划逻辑还原。其基本原理如图 2-16 所示。

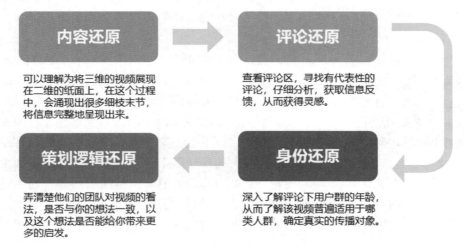

图 2-16　四维还原法基本原理

其次是内容创作。其实内容创作并没有一个固定的可参考模板，一千个人有一千种创作方法和思路，下面总结几种比较常见的创作套路：①情景再现。情景再现是指短视频创作者通过戏剧化的情节来演绎现实生活中常见的某一事件，通过短视频引发用户的认同，获得高点赞量。例如，抖音账号"我有个朋友"的短视频内容主题几乎都来源于生活中有代表性的事件。②事物对比。人们天生爱比较，喜欢将相似的两件事物放在一起进行对比，并且乐于看到两者之间的不同，这一现象在短视频中体现得非常明显。③客体创新。主体是指核心内容，客体是指表达形式。当主体不变时，客体的改变会产生完全不同的效果。④图文讲述。将图片与文字结合起来进行叙事。

小白：原来是这样，那内容框架呢？

黄总监：就像盖楼，没有地基和框架，就没有办法垒砖，短视频内容策划亦是如此。那些优质的短视频，再短也是有完整逻辑的。例如，用户经常会在短视频中看到这样的逻辑：先抛出一个问题或观点，再对问题或观点进行解析，并辅以案例证明。创作这样逻辑完整的短视频，关键在于内容框架的搭建，需要做到三点：①重点提前、吸引注意；②逻辑清晰、主次分明；③结尾互动，引发共鸣。

这里我举一个例子，哔哩哔哩的百大 UP 主"小约翰可汗"，他的视频内容主要是讲一些名人事迹和不同国家的历史，文案非常优秀，幽默诙谐。我们多看几个视频就会发现他的视频框架基本上已经定型了，开始时先用夸张的说法引出本期主题和主体，吸引观众眼球，再以搞笑的方式进行自我介绍，之后他并不着急切入主题，而是先从故事主角的童年或成长经历说起，让观众知道这个人物为什么会成为现在这样，而不是一上来就甩出一个身份设定，不交代时代背景和背后原因。虽然语气夸张，语言幽默，但是细

图 2-17 "小约翰可汗"
哔哩哔哩主页

看会发现他的逻辑是很严谨的，或许，这也是他能成为百大 UP 主的原因之一。其哔哩哔哩主页如图 2-17 所示。

二、优质短视频内容收集与整理

小白：好的，我懂了。现在我知道短视频内容策划的要点了，接下来在收集和整理这些内容的时候需要注意什么呢？

黄总监：（1）控制时长。碎片化时代，人们追求的是什么？是短而精。所以我们在拍摄之前就要尽量控制短视频的时长，千万不要等到剪辑的时候才控制时长。

①删减，即将视频中没用的内容全部删去，只留下用户想看的内容。千万不要觉得好不容易写的内容删了会很可惜，不然你的视频数据会因为不存在的可惜而变得无聊。注意：删减内容是指删减掉没用的内容，而不是有用的知识，一心为了控制时长而让视频变得前言不搭后语，那就违背了我们的初心。

②用图。如果一句话表达不清楚你的意思，那就做一张图表达你的意思，尤其是流程图等。

③多用数据。多使用官方数字、背书等数据来为内容"撑腰"，让内容变得更有说服力，例如，经典的香飘飘奶茶"一年卖出 3 亿杯，可绕地球一圈"，以及后来的"罗永浩推荐"等各大主播推荐。还可以设置疑问句，如"某某推荐的洗面奶真的好用吗？""月销 10 万+的某某真的值得购买吗？"等。这种技巧多用于一些数据统计账号。

（2）黄金三秒，是指要利用视频开头的前三秒吸引住用户，让用户愿意看完视频。如何利用黄金三秒吸引用户是非常重要的，具体可以参考以下几个方面。

①代入感：站在用户的角度，增强代入感，让用户觉得这条视频和其有关系。

②给予价值：告诉他看完视频他能得到什么，让他觉得看你的视频是有价值的、有意义的。

③好奇：设置问题和悬疑，吸引粉丝看下去，常见形式有"你知道吗？""怎么办？""你绝对不知道的……"等。

（3）口语话。专业性在短视频里是把双刃剑。面对用户时，不要说太多专业术语，更不要觉得自己说的一些专业名词用户愿意买单，实际上很多用户都是小白，他们更愿意通过直白的讲解来了解那些他们不懂的专业术语。所以我们在面对用户时要将一些很专业的名词用简单明了的白话代替，当然除了专业名词要简单明了，内容也不要太书面化，让人觉得晦涩难懂、过于严肃和形式化。例如，抖音账号"无穷小亮的科普日常"就采取这种方式，其抖音主页如图 2-18 所示。

图 2-18 "无穷小亮的
科普日常"抖音主页

三、优质短视频的内容标签

小白：我都记下了，现在短视频策划就完成了吗？

黄总监：还没有，我们还可以分析优质短视频的内容标签，可不要小看这个内容标签，作用可大了。关于内容标签，我总结了三种类型。

（1）聚焦某类目标人群。垂直领域最常见的方法是确定核心目标人群，通过直击该人群痛点的内容去吸引他们，再通过符合其特质的内容和调性增加用户黏性。例如，"美柚"主要面向的是年轻女性群体，"辣妈帮"主要面向的是"辣妈"群体。

（2）聚焦某类主题场景。根据短视频用户的主题场景纵深挖掘，在内容表达上突出场景化，与此类消费者进行深度对话。例如，"马蜂窝"主打的是旅游主题，"keep"主打的是徒手健身主题场景，抖音平台的"沈饭饭吃合肥"则聚焦探店寻觅美食的场景（见图2-19）。

（3）聚焦某类生活方式。短视频除了要塑造品牌形象外，还要能够打造一种让用户愿意追随的生活方式。例如，很多人会说："若我不在星巴克，那我就正在去星巴克的路上。"星巴克塑造的是一种生活方式，短视频品牌也应该打造这样一种理想的生活方式，将产品嵌入其中，做垂直化表达。例如抖音平台的"山中杂记"展现了很多用户"小桥流水人家"的生活梦想，其抖音主页如图2-20所示。

图 2-19 "沈饭饭吃合肥"抖音主页　　图 2-20 "山中杂记"抖音主页

四、短视频脚本开发

小白：我看团队每次在拍摄短视频时，小王导演手上都拿着一个打印稿，那是什么？

黄总监：那是短视频的脚本，是制作的灵魂。脚本主要包括三部分：拍摄提纲、文学脚本和分镜脚本。拍摄提纲主要写大概的拍摄内容，比如一些难以预料的场景拍摄。文学脚本就是一些文学性的脚本，比如电影文学脚本、电视剧文学脚本、广告脚本。分镜脚本自然就是镜头怎么分镜的一些指导。

为了方便学习，我准备了一个我们项目团队所使用的模板（见表2-1），你可以先琢磨琢磨，希望对你有帮助。

小白：好的，谢谢，我会好好研究的。

表2-1　分镜脚本模板

序号	旁白	景别	摄影机运动	镜头内容
1	古宅的文化气息	全景	固定	树林、房子
2	小路的清雅宁静	中景	从下向上摇	铁门
3	这一切仿佛回到了小时候	全景	从左向右移动	跟模特走动
......				

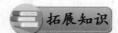 拓展知识

项目二　任务三优质短视频的内容设计

任务实施

策划林风眠先生故居的短视频旁白，为了更好地进行宣传，设计普通话版的脚本与杭州方言的旁白

经过一段时间的准备，小白进行了资料收集和现场考察，他完成了任务。林风眠故居如图2-21所示。

图2-21　林风眠故居

小白：以下是我策划的旁白，分为普通话与杭州方言两个版本。

黄总监：很棒，其实方言文化的传承也很重要，到时我们会有两个版本的作品，用户们一定会喜欢的。

《林风眠故居》旁白（普通话）

在我们中国美术圈子里，北边有中央美院，南边有中国美院，它们都相当厉害，中国美院刚好坐落在我们杭州西湖边，这是我们杭州人的骄傲。

中国美院的第一任院长——林风眠，他是中国美术界的一代宗师，他的故居在杭州西湖边植物园这里。上一次，我来这玩，安静、惬意，还有许多人来到这里玩耍。

画板、颜料、毛笔是我们美术生吃饭的工具，我平时除了上课，有空就在杭州城里走走看看，看到有意思的东西，就喜欢用笔画下来。来到林风眠故居画画，整个人一下子放松了，平时，生活中互相攀比，在这里全部扔掉。来这里画画，更多还是因为喜欢这里的风景以及林老前辈故居的风格，还有就是对美术前辈的尊敬。

《林风眠故居》旁白（杭州方言）

来到我们中国美术圈儿里，北边有中央美院，南边有中国美院，它们都相当色照，中国美院刚好来动我们杭州西湖边儿里，这是我们杭州的骄傲。

中国美院的第一任院长——林风眠，他是中国美术界的一代宗师，他的故居来动杭州西湖边植物园的。上毛子，我来这的搞搞儿，安静、惬意，还有木老老人来这的撒子儿。

画板、颜料、毛笔是我们美术生吃饭的家伙儿，我平时光除了上课，有空来动杭州城里荡荡儿，看到有意思的地方，就喜欢画画儿。来到林风眠故居画画儿，整个人感到一下子放空的，平时光，格是格非，别苗头，全部扔掉的。来这里画画儿，更多还是因为喜欢这的风景、林老前辈故居的风格，对美术前辈的尊敬。

任务考核

1. 以下不属于短视频脚本策划步骤的是（　　　）。
A. 内容还原
B. 内容策划
C. 内容创作
D. 内容框架构建

2. 新手而言，短视频内容策划有一定难度，可以采取多种方法，但（　　　）不可取。
A. 扩展法
B. 原文搬运法
C. 四维还原法
D. 借鉴法

3. 内容框架搭建是内容创作的支撑，主要包括三个要素，其中不包括（　　　）。
A. 善于借鉴，减少改动
B. 结尾互动，引发共鸣
C. 逻辑清晰、主次分明
D. 重点提前、吸引注意

4. 四维还原法是设计短视频脚本的重要方法，其中包括（　　）。

A. 内容还原 　　　　　　　　　　　B. 评论还原

C. 策划逻辑还原 　　　　　　　　　D. 身份还原

5. 内容创作是短视频的核心，不同的创作者对事物的表达方式不尽相同，常用的几种创作技巧包括（　　）。

A. 情景再现 　　　　　　　　　　　B. 事物对比

C. 图文讲述 　　　　　　　　　　　D. 客体创新

6. 短视频拍摄脚本类型主要包括（　　）。

A. 拍摄提纲 　　　　　　　　　　　B. 文学脚本

C. 结束脚本 　　　　　　　　　　　D. 分镜脚本

7. 聚焦某类目标人群、聚焦某类主题场景以及聚焦某类生活方式均属于常见内容标签类型。（　　）

A. √ 　　　　　　　　　　　　　　B. ×

任务四　短视频中景别与镜头运动

课件

任务描述

根据任务三里的脚本设计林风眠先生故居的分镜头脚本。

任务分析

理解镜头景别与镜头运动的原理，能运用镜头景别与镜头运动来设计分镜。

相关知识

一、镜头景别

黄总监：对了，我们在进行短视频内容设计之前，不要忘记还需要掌握短视频拍摄景别。只有确定了怎么拍摄，才能更好地撰写内容。

小白：嗯，我明白。但我只知道景别主要分为远景、全景、中景、近景、特写这五类，具体是怎样区分的呢？

黄总监：（1）远景：拍摄远距离环境或远距离人物的画面，如图 2-22 所示。

图 2-22　远景

（图片来源于电影《海的尽头是草原》）

（2）全景：拍摄到人物全身或周边环境，如图 2-23 所示。使用全景拍摄可以把人物的穿着、动作以及周围的环境展现出来。

图 2-23　全景

（图片来源于电影《漫长的告白》）

（3）中景：俗称"七分像"，指摄取人物小腿以上部分的镜头，或用来拍摄与此相当的场景的镜头，是表演性场面的常用景别，如图 2-24 所示。使用中景拍摄能够很好地在复杂的拍摄环境中捕捉拍摄主体。

图 2-24　中景

（图片来源于电影《流浪地球》）

（4）近景：人物胸部以上或景物局部画面，如图 2-25 所示。近景在刻画人物性格方面具有重要的作用。

图 2-25　近景

（图片来源于电影《万里归途》）

（5）特写，拍摄人物的面部或某一局部，一件物品的某一细部的镜头，如图2-26所示。特写能让观众产生接近感，传达画面中人物的内心活动。另外，特写可通过对面部五官的拍摄来推动故事情节发展，衬托故事氛围。

图2-26　特写

（图片来源于电影《人生大事》）

二、镜头运动

小白：除了景别的区分，是不是还要学习拍摄设备的运动？

黄总监：是的，镜头运动主要包含推、拉、摇、移、跟，这也是很多电影和电视剧常用的运镜方式。

（1）推。推镜头主要利用摄像机前移或变焦来完成，逐渐靠近拍摄主体，使人感觉在一步一步走近要观察的事物，比如中景推到近景，再推到特写镜头。推镜头分离主体和环境，或者强调主体或主体的某个细节。

（2）拉。拉与推正好相反，通过摄像机后移或变焦来逐渐远离要表现的拍摄主体，使人感觉正一步一步远离要观察的事物，比如近景拉到远景。拉镜头强调的是主体与环境的关系。

（3）摇。拍摄设备的位置不动，角度发生变化，其方向可以是左右摇或上下摇，也可以是斜摇或旋转摇。"摇"被称为电影里的"呼吸"镜头，其目的是使镜头不"呆"，或者是对被摄主体的各部位逐一进行展示。其中最常见的摇是左右摇。

（4）移。移是指摄像机沿水平的各个方向移动拍摄。其目的是给人展示或巡视的感觉，使不动的物体产生运动效果。

（5）跟。设备始终跟随拍摄主体进行拍摄，使运动的被摄主体始终在画面中。其作用是能更好地表现运动的物体。跟镜头一般要保证对象在画面中的位置保持不变，只是跟随它所走过的画面有所变化。

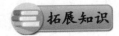

项目二　任务四短视频中景别与镜头运动

🌐 任务实施

根据任务三里的脚本设计林风眠先生故居的分镜头脚本

根据任务三里的脚本，设计了如表2-2所示的分镜头脚本。

表2-2 分镜头脚本

序号	旁白	景别	摄像机运动	镜头内容
1	在我们中国美术圈子里	近景	固定	人物画
2	北边有中央美院，南边有中国美院，它们都相当厉害	近景	跟随	中国美术学院的招牌
3	中国美院刚好坐落在我们杭州西湖边儿，这是我们杭州的骄傲	中景	跟随	树木，山水
4	中国美院的第一任院长——林风眠，他是中国美术界的一代宗师	近景	固定	林风眠旧照
5	他的故居来在杭州西湖边植物园这里	近景	跟随—移动	花园，树木
6	上一次，我来这玩，安静、惬意，还有许多人来这里玩耍	近景	跟随—移动	一女生跟着画面移动
7	画板、颜料、毛笔是我们美术生吃饭的工具	近景	固定	一人在画板上作画
8	我平时除了上课，有空就在杭州城里走走看看	全景	跟随—移动	小巷
9	看到有意思的地方，就喜欢用笔画下来	中景	跟随—移动	一人在作画
10	来到林风眠故居画画儿，整个人感到一下子放松了	中景	跟随—移动	一人在林风眠故居走动
11	平时，生活中互相攀比，在这里全部扔掉	中景	固定—左移	在林风眠故居走动
12	来这里画画，更多还是因为喜欢这里的风景以及林老前辈故居的风格	中景	跟随—移动	环顾四周的风景
13	还有就是对美术前辈的尊敬	中景	跟随—移动	站立在故居眺望远方

任务考核

1. （　　）是摄取人物小腿以上部分的镜头，又被称为七分像。
   A. 半景　　　　　　　B. 全景　　　　　　　C. 中景　　　　　　　D. 近景

2. 以下对一棵树的拍摄属于特写的是（　　）。

A　　　　　　　　　　　　　　　　　　　　　　B

C　　　　　　　　　　　　　　　　　　　　　　D

3. 短视频拍摄的运镜与影视剧相同，主要包括（　　）。
   A. 切镜　　　　　　　B. 拉镜　　　　　　　C. 平移镜　　　　　　　D. 推镜

4. 镜头景别按照拍摄范围来分，主要可分为（　　）。
   A. 中景　　　　　　　B. 近景　　　　　　　C. 后景　　　　　　　D. 显微景

5. 远景是指拍摄到人物全身或周边环境。使用远景拍摄可以把人物的穿着、动作以及周围的环境展现出来。（　　）
   A. √　　　　　　　　　　　　　　　　　　B. ×

6. 近景就是指拍摄人物的面部或某一局部，一件物品的某一细部的镜头。（　　）
   A. √　　　　　　　　　　　　　　　　　　B. ×

7. 移镜是指摄像机沿水平的各个方向移动拍摄，包括左右移动和前后移动，需要保证对象在画面中的位置保持不变来突出主体。（　　）
   A. √　　　　　　　　　　　　　　　　　　B. ×

拓展任务

策划一个文旅景点短视频的旁白与分镜头脚本

1. 背景

2021 年是"十四五"规划的开局之年，是中国进入新发展阶段的转折之年。在国内大循环为主体、国内国际双循环相互促进的新发展经济格局之下，文旅产业作为推动中国经济增长的重要引擎，是实现区域经济结构转型的关键力量。2021 年全国文化和旅游厅局长会议为文旅行业发展指明方向：①红色旅游；②乡村旅游；③冰雪旅游；④数字文旅；⑤康养旅游。随着各省市区的文旅工作积极、创新、开放地展开，2021 年之后的文化和旅游产业必将迎来新一轮发展机遇。

2. 任务内容

黄总监：我国幅员辽阔、山河壮丽，是全球唯一一个全地形地貌国家，不管是传统文化还是自然风景都各有特色、美不胜收。相信大家心目中都藏着一个美好的地方，或许是因为那里的人文关怀，又或许是因为那里的自然之美。小白，你选择一个自己家乡比较有特色的文旅景点，试着撰写一份旁白与分镜头脚本，并与大家分享。

小白：好的，与读者一起分享祖国的大好河山，我很荣幸。

3. 任务安排

本任务是一个团队任务，要求成员运用以上讲解过的知识分工协作完成，时间为 3 天，完成后上交《某景点短视频旁白》与《某景点短视频拍摄分镜头脚本》，并做好交流的准备。

素养提升

党的二十大报告提出要"弘扬革命文化，传承中华优秀传统文化"。在哔哩哔哩平台有一位历史学者——傅正老师，他说："真正有志气的历史学者就应该研究世界殖民史，世界殖民史是理解当代社会现状的重要门类。"当时这个视频的弹幕都在刷一个名字——小约翰可汗，他的视频就是讲世界殖民史的，在他的视频里有一个系列叫"奇葩小国"，这个系列的短视频内容定位不再是美、英、法等主流国家，而是将目光放在了一些我们甚至都没有听过名字的国家上，但是这些国家的命运无一不是令人悲叹的，令人深思。看完"小约翰可汗"创作的短视频之后，我不禁感叹一句：生在中国真好，此生无悔入华夏。我们为祖国冲破压迫而感到无比自豪，为生活在崛起中的中国而感到幸福，并为先辈的奋不顾身而感到悲壮。很多人生在这个和平的年代，盲目地迷信西方的政治文化思想，却忘了发生在这些小国身上的事，也曾发生在我们身上。借用一位网友的话："小约翰可汗"没有讲中国的故事，却讲好了中国故事，这大概这就是他被人们喜爱的原因吧。

课程测试

1. 不定项选择题

（1）随着互联网的不断发展，（　　）这一年龄段的人群后来居上，比例高达 25%，逐渐占据更加重要的位置。

　　A. 15~20 岁　　　　B. 20~24 岁　　　　C. 50 岁以上　　　　D. 24~30 岁

（2）短视频行业向下沉市场发展已成大趋势。2021 年，我国短视频用户三、四线城市人群占比为（　　）。

　　A. 55%　　　　　　B. 52%　　　　　　C. 50%　　　　　　D. 49%

（3）用户最喜欢观看（　　）的视频。

A. 1 分钟以下 　　　　　　　　　　　B. 10~30 分钟

C. 30 分钟以上 　　　　　　　　　　　D. 5~10 分钟

（4）在进行账号定位时，通常用到的方式有（　　）。

A. FAB 分析法 　　　　　　　　　　　B. 四维还原法

C. 漏斗分析法 　　　　　　　　　　　D. SWOT 分析法

（5）黄金三秒是指利用视频开头的前三秒吸引住用户，让用户愿意看完视频。常见的黄金三秒运用技巧不包括（　　）。

A. 引起好奇 　　　　　　　　　　　　B. 控制时长

C. 给予价值 　　　　　　　　　　　　D. 提高代入感

（6）我们在策划短视频内容的时候，经常借鉴他人的视频，但是借鉴不是照搬，需要在此基础上进行创新，通常包括（　　）。

A. 呈现形式创新 　　　　　　　　　　B. 内容创新

C. 叙事方法创新 　　　　　　　　　　D. 画面创新

（7）影视剧中常用的镜头表达方法包括（　　）。

A. 抓拍镜头 　　　B. 旋转镜头 　　　C. 拉镜头 　　　D. 推镜头

（8）短视频能够让用户沉浸式体验的重要因素为（　　）。

A. 短视频用户对信息的接受程度和消化能力强

B. 短视频用户黏性高

C. 短视频用户数量庞大

D. 短视频与用户日常生活联系密切

2. 判断题

（1）SWOT 分析法中，O 代表着机会，而短视频平台可以利用蹭流量、@ 功能和带话题的方式提高机会。　　　　　　　　　　　　　　　　　　　　（　　）

（2）某短视频创作者的粉丝年龄以 20~25 岁居多，以女性居多，且以普通白领居多，这是指用户的静态数据。　　　　　　　　　　　　　　　　　　　（　　）

（3）摇镜头，就是指拍摄设备的位置不动，角度发生变化，可以是左右摇或上下摇，但无法进行斜摇或旋转摇。　　　　　　　　　　　　　　　　　　　（　　）

（4）跟镜头是一种常见的表现方式，是指被摄主体要一直跟随拍摄镜头进行表演。

（　　）

（5）SWOT 分析法中，W 代表劣势，我们要避开一切劣势。　　　　　　（　　）

3. 简答题

（1）如何策划优质短视频？

（2）拍摄美妆类产品的短视频采取哪种景别和运镜为最佳？为什么？

（3）如何编辑短视频的脚本？

综合实训

为了更深刻地理解短视频的定位，下面通过具体的实训来进行练习。

1. 实训目标

根据自己的兴趣爱好或特长，选择一个行业方向，策划一个自己想要长期运营的短视频账号。在制作与运营账号之前，一定要考虑清楚未来的变现方式与变现商品，再来考虑如何去策划这个短视频账号，这样做更好。

2. 实训内容

（1）明确自己短视频的行业方向。

（2）根据短视频的行业方向分析用户画像。

（3）策划属于自己的短视频账号，这里主要侧重账号所属的行业方向、账号内短视频的内容类别、未来变现的方式等。

3. 实训要求

（1）规划短视频账号的长期运营策略，形成一个比较固定的创作流程和规律。

（2）搜索类似的短视频账号，进行模仿学习，找出类似短视频账号中存在哪些需要改进的地方。

项目三　短视频运营

📥 项目介绍

　　抖音账号"朋友请听好@"属于知识分享类账号，它能吸引优质的粉丝群体，利用名人演讲或影视对话进行二次创作来引导用户买书。"朋友请听好@"是笔者在教学实践中自己一个人制作与运营的账号，靠优秀的作品与数据运营，在一个月内，突破4 000粉丝。所以同学们在学习过程中要有信心，只要选对行业，坚持制作与运营就可以把账号做起来，后期笔者还会继续运营这个账号。本项目主要介绍抖音账号注册与信息填写，撰写标题与发布短视频、用户运营、优化账号权重、账号数据分析以及橱窗带货等内容。本项目将分成六个任务：任务一短视频账号设置；任务二短视频内容发布；任务三短视频用户运营；任务四短视频账号权重运营；任务五数据分析驱动短视频运营；任务六短视频变现方法。

📥 知识目标

1. 理解短视频账号权重运营的原理。
2. 全面了解短视频内容发布的方法。
3. 了解短视频变现方法。

技能目标

1. 能对短视频账号进行设置与管理。
2. 能通过数据分析驱动短视频运营。
3. 能进行短视频用户运营。

素质目标

1. 提高学生的创新意识和创造精神。
2. 增强学生的学习主动性和积极性。
3. 提高学生的团队互助意识。

思维导图

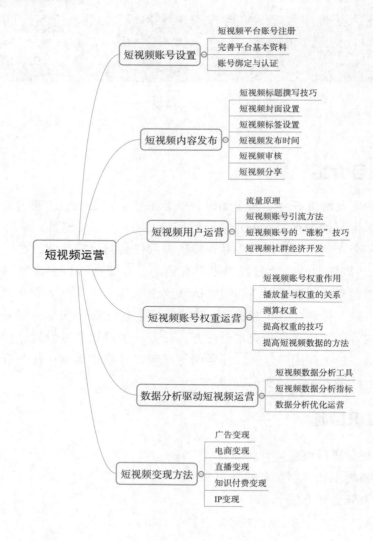

任务一　短视频账号设置

课件

任务描述

注册抖音账号，并填写账号基本信息。

任务分析

掌握短视频平台账号注册的方法，完善平台基本资料，并完成账号绑定与认证。

相关知识

一、短视频平台账号注册

黄总监：你还记不记得你第一次注册抖音账号是什么时候？

小白：不太记得了，好几年前了吧，应该是填了一个手机号和验证码就可以了。

黄总监：你说的只是其中一步，注册账号需要好几个步骤，我一步一步给你说。

任何短视频都是基于某个平台运行的，而短视频账号就是短视频运营的载体，任何操作都需要在这个账号之上。抖音亦是如此，我们需要先申请一个账号，成为抖音的用户，然后在此账号上发布视频。

（1）目前短视频平台的账号申请比较容易，流程简单，主要分为以下几步。

①在手机客户端下载抖音 App。

②填写申请人的基本信息，包括手机号码、密码、验证码及页面上显示的其他提示。需要注意的是，首次注册方式不只有密码设置这一种，还可以采取验证码登录的方式，这种方式更加节省时间。两种登录方式分别如图 3-1 与图 3-2 所示。

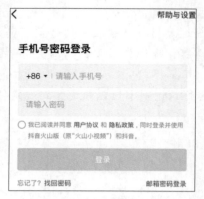

图 3-1　手机号密码登录方式

图 3-2　手机号验证码登录方式

③填写完成后即可获得一个抖音账号。另外，当我们注册好账号之后，不可更改，尤其是现在的互联网实名制要求，账号就像我们在网上的另一个身份一样，账号则是唯一的身份标识。

（2）在账号注册过程中还需要注意以下三点。

①为了提高账号的安全性，在设置密码时尽量将字母、数字或英文符号结合起来，长度不要少于六个字符，否则密码审核不能通过。

②密码设置中，字母需要区分大小写，而验证码登录则不需区分大小写。

③抖音平台支持多账号登录，除 ID 登录外，还可以用手机号、QQ、微信等登录。

二、完善平台基本资料

小白：原来是这样，其实还是挺简单的。我们注册完账号之后，是不是需要完善资料、设置账号了？

黄总监：是的，你看现在火爆的账号哪个是裸号？不仅不是裸号，他们的账号设置还特别有意思。拥有一个短视频账号不难，难的是管理和运营账号。这就需要运营者善于用商业化思维去设置账号，这就像是在对产品进行营销包装，可以将账号看作一件商品，让账号不是一串无效的文字或字母，而是成为"门面"。要想让账号成为"门面"，账号主页的信息资料补充必不可少，尤其是对账号昵称和头像的设置。

小白：我明白，因为我看别人抖音的时候，总要点进他的账号主页，如果账号主页设置得很棒，我就愿意多看几眼。那账号主页怎么设置呢？

黄总监：当用户浏览主播的视频时，对内容感兴趣，想深入了解的时候，一般会选择点击主播的主页了解更多信息，因此主页设置的好坏会直接影响直播间流量的大小。以抖音直播为例，淘宝主页是主播留给用户的第一印象，如果能将主页设计好，不仅能加深用户的印象，而且能提升用户的信任感。

1. 主页昵称

好的主页昵称有三个标准：好记忆、好理解、好传播。取昵称最重要的目的是让用户明确知道你是谁、能做什么以及是否对他有帮助，关键是要让用户对账号的价值有清晰的认知。

那些已经积累了名气的头部主播，可以选择用名字做昵称。对中小主播或刚刚起步的新人主播而言，昵称一定要突出账号领域和专业，可以借鉴公式：主页昵称=简单好写常见的昵称+内容细分领域。

例如，一位教授英语的老师，现在转行做直播带货，有两个昵称待选，分别是"Teacher kaluos"和"老黄讲英语"。

第一个昵称，虽然能突出英语老师的身份，但是不利于用户搜索和记忆，不符合"好记忆、好理解、好传播"的标准；而第二个昵称，让用户快速确定"英语老师"的标签，这样用户无论是关注还是点击进入直播间，带来的流量都是比较精准的。"老黄讲英语"抖音主页如图3-3所示。

2. 头像设计

如果主播是达人主播，那直播账号的头像应该根据主播的个人定位来确定。比如，打造主播个人风格的带货账号，建议使用个人的形象照，这样容易形成辨识度，使粉丝产生更直观的认知和更强烈的信任感。如果账号定位于某个垂直领域，那么头像就要跟行业领域相关。"第一视角摄影"这个账号与摄影是相关的，所以账号的头像是一个人物在拍摄时的运镜画面，让用户看到这个头像就联想到这个账号的定位，其抖音主页如图3-4所示。

图3-3 "老黄讲英语"抖音主页

图3-4 "第一视角摄影"抖音主页

头像设计原则：头像代表个人形象，可以让用户产生亲切感，提升个人品牌价值，同时能够增加识别度和信任度。一个优质的主页头像一定要简洁清晰，尽量避免局部或远景人像，不用杂乱场景。如果选用真人头像需要注意尽量不要使用如证件照等过于简单的头像，这样的头像会给人一种严肃、死板的印象。

3. 主页背景图片

首先，背景图片颜色应该与头像颜色相呼应，与主体形式统一风格。其次，背景图片要美观、有辨识度，要能够传达专业度。背景图片往往会被自动压缩，只有下拉时才能看到隐藏部分的内容。所以，最好把想要表达的信息留在背景图中央的重要位置。

一般的背景图风格有以下三种类型。

（1）主播 IP 形象。主播形象适用于打造个人形象 IP，加深 IP 在用户心中的印象，很多真人出镜的有一定群众基础的达人账号都采用这种类型，因为主播个人就是直播账号的代言人。

（2）补充介绍。主页背景图作为使用户点击进入主页最抢眼的部分，可以利用它进行二次介绍，深化用户对主播的印象。图 3-5 是图书类直播间，其在主页背景上再次对账号进行了介绍。

（3）引导关注。背景图还可以起到引导用户关注的作用，利用幽默的图案或有趣的话术为用户提供心理暗示。例如，抖音账号"铭哥说美食"（见图 3-6）的背景图上有"解密招牌菜"的字幕，可引导用户关注。

图 3-5 "铁铁的书架"抖音主页

图 3-6 "铭哥说美食"抖音主页

4. 个人主页简介

如果说前面的操作是为吸引用户做铺垫，那么个人简介可以立竿见影地体现出主播人设，以获得用户更加强烈的信任感，增强对主播的认可度。撰写个人主页简介时，根据人物定位，突出个人的 2~3 个特点即可，具体如图 3-7 所示。在个人简介中加入视频更新时间或直播时间，会让用户更加直观地看到直播信息，具体如图 3-8 所示。个人简介内不要放联系方式，以及微信、QQ 等敏感词语，平台一旦识别，可能会降低账号权重。

图 3-7 "开心教美食"抖音主页 图 3-8 "六日"抖音主页

三、账号绑定与认证

黄总监：设置完账号主页之后，我们还要对账号进行绑定和认证。下面我带你来了解几个概念。

（1）抖音码。抖音码是一种二维码，相当于账号的名片，别人可以通过扫码关注，也可以将其放在更多的地方以吸引粉丝关注，如图 3-9 所示。

图 3-9 "朋友请听好@"抖音码

（2）第三方账号绑定。如果我们注册了账号，但不想每次都输入密码或验证码，则可以采取第三方登录，我们可以绑定第三方账号，如微信、QQ、微博和今日头条等，这样我们登录就更加方便了。

（3）实名认证。抖音可以对用户进行实名认证。我们可以上传自己真实的身份信息，随后系统会自动跳转到认证界面，单击"开始认证"按钮即可完成认证。

进行实名认证有很多好处：①实名认证可以有效减少违法犯罪行为，从源头上掐断"养号"黑色产业链。②实名制将有利于构建安全的网络环境，减少了不良信息以及不负责任言论的扩散。③实名制有利于明确互联网网民的权利与义务。④网络实名制便于政府提供高效服务。

 拓展知识

项目三　任务一短视频账号设置

任务实施

注册抖音账号，并填写账号基本信息

（1）在手机客户端下载抖音 App。

（2）填写申请人的基本信息，包括手机号码、密码、验证码及页面上显示的其他提示，如图 3-10 所示。

（3）填写完成后即可获得一个抖音账号。另外，当我们注册好账号之后，不可更改，尤其是现在互联网有实名制要求，账号就像我们在网上的另一个身份，账号则是唯一的身份标识。

（4）账号的 Logo 可以用微信小程序"标智客"来生成，如图 3-11 所示。

（5）单击账号头像，选择更换头像，上传生成的账号 Logo，如图 3-12 所示。

图 3-10　注册抖音账号

图 3-11　标智客

图 3-12　抖音主页头像上传界面

（6）抖音账号的背景大小是 1 125 像素×633 像素，选择图片，在 PhotoShop 软件中进行编辑，如图 3-13 所示。

（7）选择更换背景可以把做完的背景图上传，如图 3-14 所示。

（8）完成所有信息的填写，账号主页如图 3-15 所示。

图 3-13　PhotoShop 制作抖音账号背景

图 3-14　上传抖音背景界面

图 3-15　"朋友请听好@"账号主页

任务考核

1. 以下密码类型中，安全性最高的是（　　　）。

A. 123456douyin

B. 456123douyin

C. 12345%douyin

D. 1245%DouYin

2. 目前抖音允许的第三方绑定平台不包括（　　　）。

A. 今日头条　　　　　B. QQ　　　　　C. 微信　　　　　D. 小红书

3. 常见的短视频账号主页背景图类型包括（　　　）。

A. 主播 IP 形象

B. 账号的补充说明

C. 下一条短视频发布时间预告

D. 引导用户关注话术

短视频运营　项目三

75

4. 在注册了抖音账号之后，可以通过（　　　）方式登录。

A. 输入账号密码　　　　　　　　　　　　B. 手机验证码

C. 扫码　　　　　　　　　　　　　　　　D. 微信授权

5. 每个账号都有自己的抖音码，这个抖音码是无法变更的。（　　　）

A. √　　　　　　　　　　　　　　　　　B. ×

6. 实名认证可以杜绝网络违法犯罪行为的发生。（　　　）

A. √　　　　　　　　　　　　　　　　　B. ×

7. 注册抖音账号之后必须经过实名认证才可以开始使用。（　　　）

A. √　　　　　　　　　　　　　　　　　B. ×

任务二　短视频内容发布

课件

任务描述

根据短视频的类型，选择适合的时间段，在短视频平台发布短视频。

任务分析

在发布短视频时，要设置短视频标题、短视频封面、短视频标签，以及选择短视频发布时间。发布短视频之后，平台会进行审核，审核通过后，才可以在平台里展现并且可以分享给他人。

相关知识

黄总监：我们设置完账号之后，就可以开始发布视频了，这里的短视频发布步骤我就不细说了，只需要单击页面下方的"+"按钮选择相册中想要发布的短视频即可，但短视频发布远远不止这些。

一、短视频标题撰写技巧

小白：发布短视频不单单是上传完成就结束了，标题、封面、时机等都需要精心策划。

黄总监：你说得很对，我们一步一步来。首先，我们来了解一下短视频标题的撰写技巧。

视频标题具有唯一性和代表性，是用户观看短视频的敲门砖。同样的短视频，如果采用不同的标题，获取的流量和各项数据可以产生巨大的差距。因此，要想在短视频洪流中脱颖而出，获取更高的流量，标题是重中之重。

标题撰写需要掌握以下内容：

（1）短视频的推荐算法渠道。短视频平台通常会向用户推荐一些短视频，这些短视频由平台通过内置的推荐算法筛选出来，然后推荐给用户。推荐算法的基本流程如下：①机器解析；②提取关键词；③按照标签推荐；④实际推送给相关用户；⑤用户点击反馈。

（2）短视频标题的撰写原则。撰写短视频标题有一个核心原则——真实性，不做"标题党"，也就是说短视频的标题必须与内容相关，否则就会违反短视频规则。撰写短视频标题需要遵循以下六个技巧。

①找到用户的痛点。要从用户的角度出发，切中用户痛点。这要求内容创作者平时收集用户经常遇到的问题，把这些问题列出来，并和目标用户进行沟通，尽量提炼出与

图 3-16 "晓东测评"
视频页面

当前问题密切相关的词语，使其与用户心理相契合。例如，抖音账号"晓东评测"有一条视频，标题是"手动榨汁机能压动吗，咱去试试"，这个标题从用户的使用角度出发，切中用户的痛点，如图 3-16 所示。

②给予用户好处。找到痛点只能引起用户的关注，要让用户真正观看或关注短视频，还需要提出解决该痛点的方法，也就是给予用户一定的好处。抖音账号"小小小…"有一条视频（见图 3-17），主要内容是给弟弟做早餐，同时将做早餐的过程展现给用户，让用户也可以学习。

③激发用户的好奇。好奇心是用户观看短视频的主要驱动力之一，当用户的好奇心受到激发，就会去探寻问题的答案。例如，抖音账号"阿酱鸭"有一条视频，标题为"求酱鸭此时的心理阴影面积"（见图 3-18），激发用户的好奇，引发关注。

④借力借势。借力是指利用别的资源或平台，如政府、专家、社会潮流、新闻媒体或其他新媒体平台对短视频进行推广，从而能够快速提高该短视频的播放量。借势主要是指借助最新的热门事件和新闻，并以此为标题创作源头，如图 3-19 所示。

图 3-17 "小小小…"
视频页面

图 3-18 "阿酱鸭"
视频页面

图 3-19 "中国新闻网"
视频页面

⑤名人效应。大多数用户都有一些名人情结，当用户看到以短视频达人或各领域的专业人士的消息作为短视频的标题时，大多会继续播放观看。如果标题中涉及专业人士或名人的观点，那么可以将其姓名直接加入标题中。

⑥新鲜事物。用户通常容易对新鲜事物产生兴趣，并进行探究，把握住这个特征来撰写短视频标题就容易获得更多的关注度和播放量，如"2023 新款……""未来最受女孩子喜欢的生日礼物"等。

二、短视频封面设置

小白：我懂了，标题对短视频的重要性不言而喻，但是除了短视频标题外，封面设置也是必不可少的。

黄总监：小白，你说得很对，短视频封面的重要性主要体现在：①feed 流中，封面的占比比标题大；②用户习惯先看封面再看标题。③封面可以预告内容及风格。其实你会发现我上面列举的很多视频，它们的标题与封面上的文字都是相同或相似的，所以封面的文字添加技巧与标题的撰写技巧也是相同的，这里我们不再细说，下面我主要给你讲一下如何选好封面图。

常见的短视频封面有以下几种。

（1）以人物形象为主题的，适用于剧情、才艺表演、颜值领域，如图 3-20 所示。

图 3-20　以人物特写为封面

（2）以物品特写为主题的，适用于美食、风景、种草领域，如图 3-21 所示。

图 3-21　以物品特写为封面

（3）以文字内容为主题的，适用于知识讲解、教学领域，如图 3-22 所示。

图 3-22　以文字为封面

（4）以卡片模板为主题的，适用于好物推荐、开箱、测评领域，如图 3-23 所示。

图 3-23　以卡片模板为封面

（5）以画面三合一为主题的，适用于电影解说、影视混剪领域，如图 3-24 所示。

图 3-24　画面三合一

（6）以突出自身价值为主题的，适用于优质的 Vlog 领域，如图 3-25 所示。

图 3-25　突出自身价值

封面图并没有统一的标准，只要做到以下三点即可：①画质清晰，主题明确，关键信息突出；②突出个人特色，风格鲜明；③风格统一，不杂乱。我们可以在短视频中截取一帧具有代表性的画面作为短视频封面，或者用 PS 切片进行分切，做成三合一封面，然后配上吸引人的文字，封面时长控制在 0.5~1 秒，一个简单的封面就制作完成了。

三、短视频标签设置

黄总监：小白，你知道短视频标签吗？

小白：我知道，抖音短视频会给每一个账号打上相关的标签，目的是便于抖音精准推荐，通常我们发布短视频的时候系统会根据我们的账号内容打上相对应的标签，再推给喜欢这类标签的用户，同理我们刷短视频的时候，系统也会根据我们的标签推送相应的标签视频，标签越多收获的用户就越精准，同样受众范围也小了。

黄总监：我来给你说一个标签万能公式：地区范围关键词+精准关键词+拓展关键词＝你的精准潜在客户的关键词。那你知道有哪些类型的标签吗？

小白：我平时经常看短视频，还是有一定了解的。

（1）常见的标签类型包括以下几种。

①产品标签，如#衣服、#耳环、#鞋子、#项链、#玩具等。

②位置标签，如果是做某个地区的账号，就加上该地区的位置标签，这样可以让视频更精准地投放到目标区域。

③节日标签，如#情人节、#母亲节、#复活节等。"#儿童节"标签如图3-26所示。

④行业标签，如#农业、#美妆、#饰品、#金融等。

⑤品牌标签，如#鸿星尔克、#华为等。如果拥有自己的品牌可以为其创建一个标签，如图3-27所示。

⑥每日主题标签，如#星期一、#星期五、#周末等。

⑦形容词标签，如#治愈、#有趣的、#解压、#令人愉快的、#有创意的等。

⑧小众标签，如#旅行、#宠物、#食物等，如图3-28所示。

图3-26　"#儿童节"标签　　图3-27　"#鸿星尔克"标签　　图3-28　"#旅行"标签

⑨通用标签，如#上热门、#抖音等。

黄总监：不错啊，总结得很全面。标签不仅仅可以打在短视频标题后面。一条短视频可以打标签的地方有很多。

（2）还可以打标签的地方包括：①封面打标签；②文案打标签；③内容打标签；④声音打标签；⑤昵称打标签；⑥个签打标签。

四、短视频发布时间

黄总监：短视频的发布效果受到很多因素的影响，发布时间就是一个重要因素，即使是同一个内容创作者发布的同一个短视频，如果发布的时间段不同，效果也会有很大的差别。我把短视频发布的最佳时间归纳为以下几点。

（1）一般内容的短视频发布时间通常为工作日的9点至23点，因为这个时间段，用户搜索和播放短视频较为频繁，而且在这段时间里，短视频创作者都会在线工作，更利于在发布短视频后互动、共享和传播。

（2）无论是工作日还是周末，短视频发布高峰期都出现在11点至12点和17点至19点，其中傍晚时段表现更为活跃，这一时间段正好稍微提前于用户活跃时段，也就是晚高峰20点，这样发布的短视频更容易被用户观看。而且，与周末相比，在工作日17点至19点发布短视频数量更多。

（3）无论是工作日还是周末，内容创作者发布短视频的时间整体相差不大。不同的是在傍晚的发布时间中，粉丝数量越多的内容创作者，发布短视频的数量也越多。

（4）在周末，短视频创作者18点发布的短视频更容易获得用户互动。9点发布的短视频也容易和用户产生互动。

（5）短视频创作者在工作日17点至19点发布的短视频数量接近全天总量的一半，份额比周末同时段高出10%左右。

（6）借势热点的短视频通常最佳发布时间为节假日或特殊节日的23点至次日7点，因为这个时间段发布的短视频容易和第二天头版头条的热点事件相呼应，更容易得到用户的关注，宣传效果更好。

（7）在发布短视频时，内容创作者往往还要考虑发布的速度，以确保短视频能够及时、成功地发布，因为发布速度通常也会影响短视频内容输出的效果。例如，发布一个商品打折推广的短视频，该商品可能会被多个内容创作者同时推广，如果发布速度慢，会影响活动效果。

总之，短视频的发布时间最好配合用户的活跃时间，通常情况下，在用户活跃高峰期发布的短视频内容有更大的概率会被更多的用户关注。视频点赞数时间分布如图3-29所示。

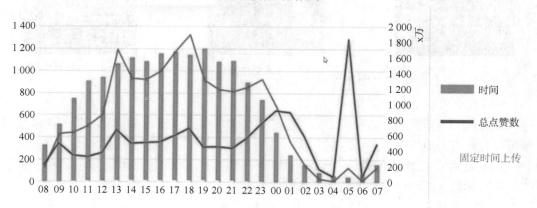

图3-29　视频点赞数时间分布

五、短视频审核

小白：原来是这样，发布时间竟然也有讲究，那我发布了视频，就结束了吧，还有别的需要注意的吗？

黄总监：当然有，不能发布了就不管了，平台还要审核呢，如果短视频有违规的内容，可不好处理啊。2019年1月9日，《网络短视频内容审核标准细则》正式发布。《网络短视频内容审核标准细则》是中国网络视听节目服务协会发布的审核标准细则。针对网络视听领域存在的不足和薄弱环节，分别对开展短视频服务的网络平台以及网络短视频内容审核的标准进行了规范，这意味着从法律层面对网络短视频内容审核设立了标准。

1. 安全审核

抖音是个宣传正能量的平台，创作者上传的视频首先要经过抖音官方的安全审核，违反公序良俗、社会价值观的内容，是绝对不能在平台上出现的。以下几个方面的内容和行为在创作短视频时一定要规避。

首先是涉及不良风气、违反社会价值观的内容：①视频中出现抽烟、酗酒、辱骂他人、虐待或恶搞动物的不良行为。②为了营造视频效果，视频中出现把钱扔进垃圾桶等恶搞人民币的行为，以及嘲笑弱势群体、利用弱势群体进行营销，宣扬不正当男女关系等行为。③违反景区规定，恶搞名胜古迹、点燃柳絮、翻越闸机、乱涂乱画等不文明行为。

其次是危害未成年人身心健康的内容：①未成年人穿着成人化。一些人为了视频效果，故意让小朋友着装成人化，这是不被允许的。②早恋行为。早恋会影响未成年人的学业和生活，当他们在情感中受到伤害时，甚至会诱发心理问题。③未成年人文身、校园暴力、炫富攀比、卖惨寻求帮助、成人化演绎等不良行为。④使用整蛊玩具，或做出一些恶搞行为对未成年人进行恐吓，以及让未成年人在无保护措施情况下做危险动作。

最后是搬运盗用的行为：①未经他人允许，将他人的内容下载后，上传到自己的账号上。②无授权转载他人的内容。③录屏电视或电影播放的内容，未经任何加工上传到自己的账号上。④视频中出现抖音平台之外的水印特效等元素。另外，还要注意几类关键词是不能在视频中出现的：不文明的网络用语；疑似欺骗的用语，比如"恭喜获奖""全民免单"等；诱导消费的用语，比如"再不抢就没了""万人疯抢"等；淫秽色情、暴力用语。

2. 质量审核

顾名思义就是检查视频的质量。抖音平台会审核视频的时长是否大于7秒，以及视频的清晰度如何，视频质量的高低是其能否获得更多推荐的基础。为了提高清晰度，你可以选择导出1 080像素、60帧的视频，大小控制在100兆左右。还要注意常见的视频比例，横屏的是16∶9，竖屏的是9∶16。另外，为了提高视频质量，在打光时，建议选择45度侧光，这样效果最佳；美颜要适中，保证视频的真实观感；还可以适当提高视频的锐化值。

3. 标准化审核

标准化审核就是将视频打上各种各样的标签。所有的视频都会被打上多个标签，算法会把这些标签进行精准的整合和分类，从中提炼出用户喜欢的标签。抖音将所有的视频分为 24 个大品类，如情感类、搞笑类、美食类、汽车类等，这是一级分类，下面还会进行二级分类。例如，一级分类的搞笑类，其二级分类又分为搞笑段子类、搞笑情景剧类等，在这些二级分类下面还有各种各样的标签，比如反转类、戏精类、直男类、高颜值男类、高颜值女类等。所有的视频都被这样一级一级分类，最后打上多个标签。

黄总监：小白你来总结一下短视频的审核标准吧。

小白：好的，我来总结一下抖音审核视频的三个环节：①安全审核。视频中不出现涉及政治、违法社会风气、危害未成年人身心健康的内容，保证视频内容为原创视频。②质量审核。保证视频时长、画质符合要求。③标准化审核。提前思考视频可能被打上哪类标签，放大可以突出这些标签的视频内容。除此之外，我整理了抖音审核流程（见图 3-30），比较全面。

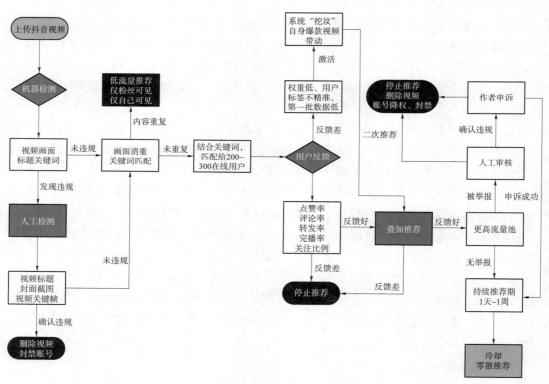

图 3-30　抖音审核流程

六、短视频分享

黄总监：做得非常好，抖音审核严格且规范，但只要不触及禁区，还是比较容易通过的。小白你回去要仔细阅读各平台的规则，保证万无一失，毕竟账号违规对权重的影响很大。等我们顺利发布视频后，可以通过分享来给自己的视频引流。我们可以通过以下几种方式来分享视频：

1. 分享到其他短视频平台

这是一种比较直接的吸引流量的方法，将同一条短视频同时在抖音、快手、微视、秒拍、美拍等平台发布，相互引流，尽可能地提高短视频的播放量和关注度。

2. 分享到关联平台

将短视频平台的内容直接同步到关联平台上。以抖音和今日头条为例，今日头条作为字节跳动旗下的 App，与抖音有很强的关联度，可以直接将抖音短视频同步到今日头条，增加短视频的曝光度，吸引更多的用户观看短视频。

3. 分享到社交平台

社交平台的属性本身就意味着其具有庞大的用户群体和强用户黏性，因此，将短视频上传到短视频平台的同时，可以将其转发到社交平台上，利用社交平台的流量提高短视频的人气和关注度。

小白：没想到发布一条短视频还有这么多需要注意的地方，长见识了。

拓展知识

项目三　任务二短视频内容发布

任务实施

根据发布短视频的类型，选择适合的时间段，在短视频平台发布短视频

（1）按下账号界面下方的"＋"，可以发布短视频。

（2）单击界面上的"相册"选项，选择需要上传的视频文件。

（3）单击界面上的"选封面"选项，如图 3-31 所示。

（4）进入"选封面"界面后，选择短视频中最优秀的画面作为封面，如图 3-32 所示。

（5）在发布界面的高级设置中，将"高清发布"打开，将"发布后保存至手机"关闭，如图 3-33 所示。

（6）在发布界面上撰写标题，可以加"＃"加标签；然后单击"发布"按钮，就可以把短视频发布到自己的账号里了，如图 3-34 所示。

图 3-31　修改"封面"

图 3-32 选择合适的封面

图 3-33 发布页面设置

图 3-34 发布短视频

任务考核

1. 抖音短视频推荐算法的基本操作为（　　　）。

①按照标签推荐　②用户点击反馈　③机器解析　④提取关键词　⑤实际推送给相关用户

　A. ②③①④⑤　　　　　　　　　　　　B. ③④①⑤②

　C. ①⑤③④②　　　　　　　　　　　　D. ③①②⑤④

2. 短视频标题不能乱写，需要遵循一定的原则，其中最核心的原则是（　　　）。

　A. 真实性　　　　　B. 专业性　　　　　C. 排列性　　　　　D. 安全性

3. #保温杯属于（　　　）标签。

　A. 行业　　　　　　B. 品牌　　　　　　C. 产品　　　　　　D. 形容词

4. 封面图是短视频发布的重点设置对象之一，应基本做到（　　　）。

　A. 画质清晰　　　　　　　　　　　　　B. 主题鲜明

　C. 语气夸张，有吸引力　　　　　　　　D. 风格鲜明统一

5. 给视频打标签是获取精准流量的一个有效的方法，一条短视频可以在（　　　）等地方打标签。

　A. 封面　　　　　　B. 文案　　　　　　C. 昵称　　　　　　D. 内容

6. 一般内容的短视频发布时间通常为周末的一整天时间。（　　　）

　A. √　　　　　　　　　　　　　　　　B. ×

7. 视频中出现抽烟、酗酒、玩梗等不良行为都会被平台处罚。（　　　）

　A. √　　　　　　　　　　　　　　　　B. ×

任务三　短视频用户运营

课件

任务描述

短视频已发布到平台，为了获得收益，首先要解决的问题就是获得更多的流量，把"涨粉"放在最重要的位置，要通过一些方法与技巧使短视频账号涨粉。

任务分析

首先要了解流量原理，理解短视频账号引流方法，在进行引流涨粉的过程中，还要运用"涨粉"技巧，从而把短视频账号运作起来，达到"涨粉"的目的。

相关知识

一、流量原理

小白：我知道发布完短视频并不意味着结束，后面要做的事情还有很多。

黄总监：没错！我们发布视频之后，就要开始运营它了。流量的价值核心在于变现，通过内容吸引流量的同时，把流量转换到其他需要流量的商业活动中，最终达到成交、盈利的目的。流量越精准，用户忠诚度越大，垂直度越高，流量的商业价值就越大。目前流量提升主要有三种方式：精品内容的打造、品牌推广、用户运营。其中精品内容的打造非常考验内容生产能力和专业性，需要创作者静下心来，精雕细琢，不断改进。而品牌推广对公关能力、资源和资金的要求比较高。对短视频运营者来说，除了内容的打磨外，做好用户运营也是获取流量成本最低的方式。

要做好短视频的用户运营，获取更多流量，离不开平台的算法机制。机器获取有效信息最直接的途径就是短视频的标题、描述、标签、分类等。以抖音为例，它的算法机制被称为"流量赛马机制"，这种算法主要经过以下三个阶段。

1. 冷启动曝光

对上传到平台的短视频，机器算法在初步分配流量时，会先进行审核，审核通过之后再进入冷启动流量池，给予每个短视频均等的初始曝光机会。这个阶段，短视频主要发给已关注的用户和附近用户，然后依据标签、标题等数据进行智能分发。

2. 叠加推荐

分发后的视频，算法机制会从其曝光的视频中再次进行数据筛选，对比各视频的点赞量、评论量、转发量、完播率等多个维度的数据，选出数据比较高的短视频，放进流量池，给予二次叠加推荐，然后依次循环。

3. 精品推荐

经过多轮筛选后，视频各项数据维度表现优秀的视频会被放进精品推荐池，获得优先推荐权。

小白：原来是这样，快手和抖音是一样的平台，这两个平台的算法机制也是一样的吗？

黄总监：每个平台都有自己的算法，与抖音不同，快手的算法会先分析用户画像和行为，掌握用户的性别、年龄、地域等静态信息，通过用户的行为，建立合理的实时推荐系统，实现精准推送。其实短视频平台除了细枝末节不同外，算法逻辑大致是：审核→少量推荐→大量推荐→重复。了解这种去中心化的算法机制后，可以帮助我们更加有效地进行短视频运营，如图 3-35 所示。

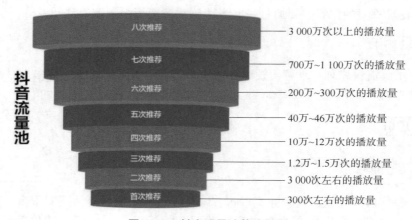

图 3-35 抖音流量池算法机制

二、短视频账号引流方法

黄总监：了解短视频流量原理之后，我们就可以开始给短视频引流了。毕竟如果短视频没有人观看，其质量再高也无法获得与内容相匹配的大流量，实现流量转化也就无从说起了。

小白：是的，我知道引流的重要性，那怎么给短视频引流呢？

黄总监：我介绍几种方法。

1. 保持更新，培养忠诚度

这点很好理解，一个活跃的账号是提高用户忠诚度的基础。保持短视频的稳定更新是一个优质账号的基本功，可以培养用户观看习惯。稳定是指稳定的更新频率和稳定的发布时间。对专职的短视频创作者来说，要尽量做到一天一更，并且更新时间固定。如果做不到一天一更，也要尽量选择两天或三天一更。如果拖更时间再长，就有流失粉丝的风险。例如，抖音账号"陈翔六点半"通常会在每天 18 点 30 分左右准时更新作品，这样就会让关注了该账号的用户知道什么时间可以看到视频，对视频的短期流量增长有很大的帮助。

而找准发布时间，还会取得事半功倍的效果。正如前面所说，不同的发布时间对短视频流量的影响很大，要尽量选择在流量高峰期发布视频。发布时间我前面已经说过了，按照需求选择即可。

但是最佳发布时间并不是固定的，短视频创作者在选择发布时间时要考虑自己的目标受众群体，择优选择。

2. 装扮"门面"，提升短视频的吸引力

俗话说，人靠衣装马靠鞍，如果将短视频的内容比作人，那么短视频的标题、封面图就是这个"人"的衣服，是短视频的颜值担当。关于标题和封面我们在前面讲述得非常全面，这里不再细说。

3. 构建短视频账号矩阵

矩阵是数学术语，但随着新媒体的发展，矩阵的概念被引入网络营销。简单来说，构建短视频账号矩阵就是创建多个短视频账号，形成短视频账号集合，互评互赞，互相导流。短视频账号矩阵通常分为多平台矩阵和单平台矩阵两种形式。

（1）多平台矩阵是指创作者在多个短视频平台上建立短视频账号，并输出内容。例如，"七舅脑爷"就分别在抖音、快手、西瓜视频、美拍等平台上建立了同名账号，每个平台上的账号都拥有非常可观的粉丝量。但这并不是一键多发，每个平台的定位不同，在发布视频的时候需要针对目标平台进行调整，达到发布要求。

（2）多平台矩阵的工作量较大，如果没有足够的时间运营，就可以选择另一种形式——单平台矩阵。顾名思义，它是指以某个基本源为核心，延伸出多个相互关联的账号组成账号集。这种形式，创作者只需分析单个平台，工作量要小很多，更容易实现精准营销。单平台矩阵模式尽量不要在不同账号上发布相同的视频内容，否则容易导致受众群体重合度过高，受众范围较小，白白浪费资源，很难实现互相导流的效果。

这里强调一下，基本源涉及的范围非常广泛，可以是个人、企业、产品、服务、关系等，下面介绍四种搭建单平台中心化矩阵的方法。

①以品牌、企业为基本源创建的账号矩阵，例如，抖音平台的"小米手机"与"小米智能生态"，如图 3-36 所示。

②以服务为基本源的"丁香园"，在抖音上注册了"丁香妈妈""丁香医生""来问丁香医生"等账号，如图 3-37 所示。

③以达人为基本源构建账号矩阵是一种极为常见的方法。对很多短视频创作者来说，当短视频账号的粉丝数量积累到一定程度后，要想再吸引大规模的粉丝就会变得非常困难。此时，很多短视频创作者会选择在同一领域或其他领域开设新的账号，借助粉丝基础，快速建立起账号矩阵，例如，抖音平台的"慧慧周"与"慧慧周团队 NG"，如图 3-38 所示。

图 3-36　小米账号矩阵

图 3-37　丁香园账号矩阵

图 3-38　"慧慧周"账号矩阵

④以团队关系为基本源。在剧情类短视频中，通常会有多个演员出镜，这些演员不仅可以同时出现在同一个账号的短视频作品中，每个人还可以分别创建单独的短视频账号，并让各个账号之间互相引流，这些人通常都是一个公司旗下的，如抖音平台的"石榴熟了"与"白毛毛"。

小白：我们团队也可做矩阵账号来吸引更多的粉丝，那矩阵账号是如何互相引流的呢？

黄总监：矩阵账号互相引流，是公众号、微博常用的引流方法之一，而这种方法在短视频运营中同样适用。短视频创作者可以采取以下五种方法来实现矩阵账号之间的互相引流。

①评论区互动。短视频评论区是创作者与用户进行近距离接触的最简单方法，置顶评论也是发布广告信息的重要位置，矩阵中的短视频账号可以在其他账号的评论区里进行评论互动，从而实现互相引流。

②@其他账号。在短视频文案中@其他账号，可以为其引流，大大缩短了用户转化路径。

③关注矩阵中的账号。短视频创作者对矩阵中的账号互相关注，也可以实现相互引流。

④利用简介展示其他账号在短视频账号主页中的"简介"板块。除了撰写本账号的简介外，还可以加上其他矩阵账号的简介，从而为其他账号引流。

⑤点赞视频。短视频创作者可以利用短视频的点赞功能来进行账号之间的引流，即用 A 账号对 B 账号的视频点赞，让 B 账号中被点赞的短视频出现在 A 账号主页的"喜欢"板块中，从而起到引流的作用。

4. 付费推广，强力聚粉

为了帮助短视频创作者更好地推广自己的短视频，很多平台推出了付费推广功能。下面主要介绍一下抖音平台的付费推广项目。

抖音 DOU+推广，提升短视频热度和人气。DOU+是抖音平台为创作者提供的短视频加热工具，能够有效地帮助短视频创作者提升短视频的播放量和互动量，提升内容的曝光度，从而提高短视频的热度和人气。抖音平台对需要投放 DOU+的短视频有着严格的要求，并不是所有的短视频都可以投放 DOU+，只有通过审核后才可以。

5. 善用分享功能，实现多平台引流

如果想让自己的短视频获得尽可能多的流量，短视频创作者就要善于利用短视频平台的一键分享功能。

在短视频平台上，短视频创作者可以利用发私信的功能，将自己的短视频分享给在该平台上的好友。

同步分享，一键实现多平台分发。短视频平台有同步分享功能，短视频创作者在该平台上传短视频后，可以再将短视频同步分享到朋友圈、今日头条、微博等其他平台，还可以将其分享给自己的微信好友、QQ 好友等。

6. 积极互动，用归属感提高用户黏性

短视频吸引到用户后，并不意味着万事大吉了，还要想办法留住用户。我们可以引导互动，激发用户讨论欲望。引导互动是指短视频创作者在短视频中设置一些带有引导性的环节，吸引用户积极参与讨论和互动。比如，故意设置穿帮镜头，在评论区或短视频简介中设置引导，在解说词或台词中设置矛盾点或笑点等。除了引导互动外，还可以进行评论互动，彰显真诚态度。针对用户在短视频评论区的留言，短视频创作者要积极予以回复，为用户营造一种活跃的氛围，提高短视频对用户的吸引力。

 知识园地

DOU+投放技巧

三、短视频账号的"涨粉"技巧

黄总监：其实我们前面说的这些都有一个共同的目标——涨粉，没有粉丝，其余都是免谈，不管是标题、封面还是引流都是涨粉的重要利器。

小白：是这样，那我该如何涨粉呢？

黄总监：（1）爆款名字。想要起好名字，我们首先要知道好名字的三大标准：好记忆、好理解、好传播。我结合抖音平台流量大、受众广的属性，总结了七种类型的好名字。

①学习成长型。虽然抖音平台的内容以娱乐内容为主，但你会发现，知识类、教学类短视频不断涌现，这是你可以抓住的趋势。比如，抖音账号"Ai 科普"，如图 3-39 所示。

②特定人群型。大多数人运营抖音的目的，除了打造个人品牌，更多的是为后期卖货、做广告和变现做准备，所以吸引特定人群很关键。

③职业昵称型。职业昵称由职业名称和人格化词语组成，可以让用户感知到这个抖音账号好像是一个真实的人。比如，抖音账号"资深文案唐小天""平面设计小仙女"等。

④意见领袖型。意见领袖是在某个领域比较有权威的人。比如，抖音账号"股市怎么看""财经有话说""广告我来讲"等，能表现出账号在某个领域的专业度，若结合专业的内容输出，就能让账号显得更专业，对用户的帮助更大。

⑤精选大全型。名字中包含"精选""大全"等词语，能给用户一种覆盖面广的感觉，并且这种提法也便于受众记忆。比如，"搞笑精选""段子大全""小成本创业全攻略""职场干货精选""亲子游戏大全"（见图3-40）等。

⑥时间标签型。例如，"今日头条""十点读书""儿童睡前故事"（见图3-41）"职场早餐"等，都体现了某个明确的时间段，这样，用户就能根据自己的需求去选择。

图3-39 "Ai科普"抖音主页

图3-40 "亲子游戏大全"抖音主页

图3-41 "儿童睡前故事"抖音主页

⑦号召行动型。比如，"学个单词再睡觉""一起瘦到90斤""每天学会一道菜"等，就很容易吸引对应领域的用户。如果相应内容能促使用户有所行动，用户对账号的依赖感就会更强。

（2）亮眼头像。一个好的头像就如同标识一般，可以帮助用户认识我们。个人账号应以个人形象图片作为头像，可以结合职业元素，同时要符合整体的风格定位，第一印象要让人觉得舒服。

（3）背景音乐。抖音最初的定位就是音乐短视频平台，对音乐元素很重视，会给予音乐人或音乐内容大流量的扶持，我们可以通过DOU听音乐榜、其他热门的音乐平台、直接刷抖音来进行音乐筛选。我们选择的背景音乐要符合视频调性，在背景音乐的选择上，不要选择过于热门的歌曲，判断歌曲热度及适用的内容形式，音乐的节奏和画面的动作要对应。

（4）互动留粉。粉丝关注之后并不意味着成为我们的忠实粉丝，有可能是一时冲动，我们要做的，就是加强粉丝与账号的关联性，调动粉丝的积极性。下面介绍几种互动小技巧：①及时跟进，像和朋友聊天一样有问有答；②注意语气风格；③重要评论优先回复。

小白：那么，哪些评论是重要评论呢？

黄总监：比如，和你互动频繁的粉丝的评论、给你提意见的粉丝的评论、有名气的人的评论以及有负面情绪的粉丝的评论等都是重要评论。

四、短视频社群经济开发

小白：那这样短视频运营就算结束了吗？

黄总监：并未结束，你有没有发现，现在社群营销越来越火，不仅是短视频，还有直播也会进行社群营销。

随着微信等自媒体平台的迅猛发展，"社群营销"的概念逐渐流行起来。对传统商家以及"网生代"企业来说，社群营销是拓展业务、宣传品牌、提升知名度的重要方式。概括来说，社群营销就是基于相同或相似的兴趣爱好，通过某种载体聚集人气，通过产品或服务满足群体需求而产生的商业形态。社群营销有着独特的魅力，总结下来共有以下四点：①低成本实现利润最大化；②直击心灵的精准营销；③病毒式的口碑传播；④高效率的圈子传播。社群营销是一种全方位的营销活动，包括市场调查、产品选择、人员组织、广告宣传、市场公关等。

社群营销的核心是"人"，产品和服务次之。通过赋予品牌人格化的特征，企业可以使消费者对品牌保持情怀。人与人在网络中交流，使信息流动起来。如果"人"愿意分享信息，那么就会促使消费者产生购买行为。

小白：我微信里也有不少群，各种各样的都有，学习的，带货的，那么这种社群经济都是怎么开发的呢？

黄总监：好问题，其实社群经济的开发并不难，主要应掌握以下几个重点。

1. 社群定位

社群定位是一个社群运营的前提。比如在"××短视频学习交流群"中，社群的目标用户主要就是有短视频学习和交流需求的用户，从职业上来看，可能会包括短视频运营、短视频拍摄、剪辑、脚本、新媒体运营、电商运营等多个工作岗位。在社群引流和推广时就要根据社群的定位，抓住用户的需求点，做好引流工作。

同时，一个社群拥有明确的定位，也可以让用户知道这个社群是做什么的，有利于同好交流，提高社群运营质量。

2. 开展多种线上活动

线上活动是社群促活的一种方式，线上活动的形式有很多种，利用这些活动可以更好地对社群进行促活，调动社群氛围的同时也可以让社群成员更加有归属感。

图3-42　某微信学习群售课内容

还是以上面提到的短视频学习交流社群为例，已知这个社群运营的最终目的是售课，但在转化之前先要让用户产生充分的信任感，增强黏性。这时线上活动就是一种很好的方式。比如，每周一期的线上免费短视频直播课程，如图3-42所示。

其实其他形式的活动还有很多，对本地类社群来说，线下活动也是一种很好的提高用户信任度的方式。

产品营销类社群，可以结合邀请任务等营销功能开展群内活动（如邀请 5 人入群领取积分兑换奖励），这样除了可以给予群内成员福利外，还能进一步向外部引流，可谓一举两得。

3. PGC+UGC，持续输出社群价值

价值输出是一个高质量社群运营的关键，也能打造社群的品牌。价值输出工作并不难，持续的价值内容输出却很少有社群能做到，而只要做到的就是好的社群。但自己的力量非常有限，有个成语叫聚沙成塔，可以借助群成员的力量来持续不断地输出内容，共同打造社群品牌。

社群主需要找到 KOL 来协助自己，这些 KOL 可以来自社群内部，也可以是社群之外的，这些 KOL 可以帮助社群生产专业内容，让社群不断有新鲜内容产出。

另外一种持续输出社群价值的方式是通过获取原创内容，对社群进行宣传和推广。比如上述举的例子，在短视频学习交流群中，每一个群成员都可以生产原创内容，在学习短视频的拍摄或剪辑之后，可以将自己的作品放到群中和群友一起交流讨论，在自己成长的同时，也在打造社群品牌。

通过 PGC 和 UGC 结合的方式，社群可以不断输出自己的价值，增强社群成员的黏性，让社群成员更有归属感。

4. 接入社群工具，释放管理者精力

做好一个社群，光靠个人力量是绝对做不好的，但如果组建运营团队又太耗费财力。因此找一个人专职运营社群，再配备社群工具，比如社群机器人，这样的方式是目前比较主流的。

小白：目前社群机器人可以实现哪些功能呢？

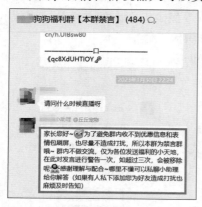

图 3-43　微信群机器人自动回复

黄总监：我们以聊天狗社群机器人为例，其可以实现关键字自动回复、入群欢迎、群签到、邀请任务等高级功能，这类功能可以极大地提升社群的服务效率，而社群运营者只需做好社群规划工作即可。比如，我加了一个宠物福利群，但本群除了管理人员外，其余人都是禁言的，当有人在群里发言时，就会触发社群机器人的自动回复功能，如图 3-43 所示。

小白：社群营销是怎么发展到现在这样的呢？

黄总监：大致经历了这样几个阶段：社群 1.0 模式以 2002 年腾讯 QQ 群首创的群聊形态为代表，以互联网人群聚集、信息互通与传递为核心目的；社群 2.0 阶段是基于共同兴趣的陌生人社群崛起，社群运营者的差异化策略，逐渐形成社群独有的文化效应和归属感，品牌号召力日益显著；社群 3.0 时代就是移动社群时代，这个时代以连接一切为目标，包括人的聚合，以及连接信息、服务、内容和商品载体。

一般来说，没有哪个社群会一直昌盛。然而到了移动互联网时代，社群不再遵循这样的规则，因为移动时代的社群有四方面的变化：①社群的本地化；②社群的碎片化；③社群的去中心化；④社群的富媒体化。

小白：关于短视频用户运营这部分内容，我收获满满。

拓展知识

项目三 任务三短视频用户运营

任务实施

抖音账号"朋友请听好@"增加流量的方法有哪些？

（1）发布高质量内容，确保短视频有足够的吸引力和价值，这样观众才会愿意关注和分享。抖音账号"朋友请听好@"，不仅注重每个作品的质量，还注重剪辑手法、背景音乐的选择。一个短视频的最高流量是 91.8 万，如图 3-44 所示。

（2）优化视频标题和描述，使用有吸引力的标题和描述，能够吸引更多人点击观看短视频。在撰写标题时，要写有共鸣的标题，同时，要带有反问的语句。这样会激发用户的评论，使人有看下去的动力。图 3-45 是"朋友请听好@"一个作品的标题："在冬天的雨夜，一杯奶茶不仅温暖了外卖小哥，同时触动了平凡的我们。如果是你，会怎么做呢？"

（3）定期发布新内容，保持活跃度。定期发布新的视频，让观众保持关注。抖音账号"朋友请听好@"一个星期更新一个视频，每个星期六的 20 点上传，流量最大。

（4）利用热门话题和趋势，关注当前热门话题和趋势，制作相关的内容，能够吸引更多观众。除了热门话题，还运用热歌榜来发布作品，从而增加流量。

（5）与观众互动。回复观众的评论，与他们建立良好的互动关系，增加粉丝的忠诚度。抖音账号"朋友请听好@"，很多观众的评论一般都有回复，如图 3-46 所示。

图 3-44 "朋友请听好@"抖音主页

图 3-45 "朋友请听好@"评论区（1）

图 3-46 "朋友请听好@"评论区（2）

（6）跨平台推广。利用其他社交媒体平台，如微博、微信、抖音、Instagram 等，将短视频链接分享给更多人。抖音账号"朋友请听好@"会将精彩的短视频@朋友进行分享，从而增加流量。

任务考核

1. 短视频账号矩阵引流的方法不包括（　　）。

A. 评论区互动 　　　　　　　　　　　B. @其他账号

C. 发布其他账号视频 　　　　　　　　D. 关注矩阵中的账号

2. 抖音平台的算法又称为流量赛马机制。这种算法主要包含三个阶段，分别为（　　）。

①冷启动曝光　②精品推荐　③叠加推荐

A. ①②③ 　　　　B. ③②① 　　　　C. ②①③ 　　　　D. ①③②

3. 抖音流量池一共有八次推荐机会，其中最高级为八次推荐，其流量池要求（　　）。

A. 1 000 万次 　　　　　　　　　　　B. 30 万次

C. 300 万次 　　　　　　　　　　　　D. 3 000 万次

4. 短视频账号矩阵是一种非常有效的引流方式，可以分为（　　）两种类型。

A. 单平台矩阵 　　　　　　　　　　　B. 长平台矩阵

C. 高平台矩阵 　　　　　　　　　　　D. 多平台矩阵

5. 目前常见的流量提升方法包括（　　）。

A. 内容打造 　　　　　　　　　　　　B. 用户运营

C. 拍摄道具选择 　　　　　　　　　　D. 品牌推广

6. 在移动时代，社群营销逐渐向着本地化、碎片化以及去中心化方向发展。（　　）

A. √ 　　　　　　　　　　　　　　　B. ×

7. DOU+是抖音平台的付费推广工具，付费越多，推广效果也就越好。（　　）

A. √ 　　　　　　　　　　　　　　　B. ×

任务四　短视频账号权重

课件

任务描述

短视频账号在运营过程中权重非常重要，有更高的权重才能获得更多的曝光度，要测算权重，优化账号权重，从而提升短视频数据。

任务分析

要使账号能更好地运营，要了解短视频账号权重的作用，理解播放量与权重的关系，测算账号权重，根据测算数据进行优化，提高权重，从而提升短视频数据。

相关知识

一、短视频账号权重作用

小白：在运营抖音账号的过程中，运营者经常会听到"账号权重"这个词。账号权重在抖音运营中起到了什么作用？抖音运营又该如何提升账号权重呢？

黄总监：权，即权力；重，即分量。简单来说，账号权重就是账号在平台中的权威程度。一个平台对一个账号的重视程度和扶持力度在很大程度上取决于该账号的权重。权重对账号最直接的影响就是，权重高的账号往往更被平台重视，也会给予其更多的流量和曝光率。

账号权重的作用非常大，具体包括以下几方面。

（1）高权重可以有更多的流量推荐与扶持。同样是发布新作品，不同权重的账号会获得不同的流量。普通账号刚发布作品时会推荐 200~500 的基础流量，而高权重账号刚发布作品时会推荐 1 万流量。如果作品内容好、质量高，就可以进入下一级的流量池。

（2）会获得更多内测的机会。平台经常推出新功能、新活动，在此之前都会有内测期，账号权重高就容易获得更多的内测机会。

（3）更有利于账号的稳定。抖音会定期清理账号和作品，会对一些存在领域混乱、长期断更、内容低俗、恶劣营销等问题的进行标识或直接封禁，但是一些权重高的账号就不会轻易被清除。

（4）影响账号排名高低。在搜索引擎领域，账号权重的高低直接决定了账号排名的高低，在抖音里也是如此。

二、播放量与权重的关系

小白：我看许多关于短视频运营的书写到了播放量与权重，那它们有什么关系呢？

黄总监：一般来说，抖音账号运营者可以根据发布作品的播放量来判断账号的权重。这里将账号权重分为五个等级。

（1）僵尸账号。如果一个抖音账号注册多时，但活跃度非常低，基本不发布作品，或者连续 10 个作品播放量都在 100 次以下，那么该账号就可以被判定为"僵尸账号"。

（2）低权重账号。如果一个抖音账号，连续 10 个作品的播放量都在 100~300 次，那么该账号就可以被判定为"低权重账号"。这类账号只能获得极少的流量推荐，并且流量质量较差。如果在半个月内视频播放量都没有突破，账号就会被降为"僵尸账号"。

（3）正常账号。如果一个账号，连续 10 个作品的播放量都在 500~1 000 次，属于正常账号，但需要不断地优化视频内容，提高视频质量，否则账号将被降为"低权重账号"。

（4）待推荐账号。如果一个抖音账号，连续 10 个作品的播放量都在 1 000~3 000 次，那么该账号就可以被判定为"待推荐账号"。

（5）待上热门账号。如果视频播放量保持在 1 万次左右，那该账号就是"待上热门账号"，账号权重已经非常高了，离上热门只差一个热门作品。抖音账号"随手做美食"目前就是待上热门账号，如图 3-47 所示。

图 3-47 "随手做美食"
抖音主页

三、测算权重

小白：既然账号权重这么重要，那我应该怎么测算权重呢？

黄总监：这里我把权重分为五个维度。

（1）粉丝量。粉丝量是抖音账号权重最直观的反映。粉丝增长的速度和数量，直接反映抖音账号的被认可度。

（2）完播率。完播率是观看整个视频占总播放量的比例。比如，短视频的时长为 30 秒，共有 500 个人看到该短视频，其中 20 个人看完 30 秒，那么完播率=20/500=4%。

（3）转发率以及点赞率。优秀的短视频，转发率和点赞率比较高。那么拥有高转发率和点赞率的短视频，抖音账号的权重肯定比较高。转发率=转发量/总播放量，点赞率=点赞率/总播放量。

（4）活跃度。抖音账号的活跃度是指抖音账号用户的在线时长以及内容的发布频次。

（5）评论量。怎样才会产生评论量？短视频的内容好，话题性强，引起了观众共鸣，会自愿给短视频写评论。短视频具有话题性是抖音平台非常重视的一个指标。

抖音权重关系着一条视频的成功与否，视频曝光度、播放量等一系列数据都与抖音权重关系重大，这就是大家要努力提升权重的原因。

四、提高权重的技巧

小白：那我该如何提高账号权重呢？

黄总监：抖音账号权重、抖音短视频内容是短视频成功的两个关键因素。一个权重高的账号能带来更多的流量，获取更多的收益。

那么我们可以从注册高权重账号说起。注册账号时尽量不要用新手机号注册抖音账号；注册的手机号是真实的，用来注册抖音的手机号，最好有 15 个及以上的人的联系方式，并且这 15 个人也在玩抖音；一定要完善个人账号信息，个人账号信息包括头像、名字、个人简介、性别、生日、地区、学校，最好是将所有的信息都填写完整。

小白：原来，除了后期提升权重，我还可以先人一步啊！那我们注册账号之后怎么提高权重呢？

黄总监：下面教你几招。

（1）遵守平台规则，不要违规运营抖音进行引流变现。

（2）提高账号视频原创度，高质量的原创内容非常受抖音用户欢迎，如果账号运营者创作能力不够，可以模仿，但绝对不能搬运。

（3）领域垂直，在抖音平台发布一些作品后，每个抖音账号都会按照分类被打上一个标签。而当账号被打上标签之后，抖音平台就会按照既定的标签将账号作品推荐给喜欢这一类标签作品的用户。另外，抖音根据四个维度来评判一个账号的推荐权重，分别是垂直度、活跃度、健康度和互动度。

（4）提高内容质量。内容质量也是抖音审核的重要因素之一。

五、提高短视频数据的方法

小白：那么我该如何提高我的账号数据呢？

黄总监：如今无论是企业还是个人做短视频都是以盈利为目的，但账号是否能够运营成功，最重要的还是在于账号能否持续产出爆款内容。可通过分析短视频数据来判定这个短视频是否优秀。

如果你的短视频数据各项指标都非常低，就需要通过认真分析短视频数据来优化后期短视频的内容。我先来跟你分享一下，如何做好短视频数据分析，从而优化短视频内容。短视频核心数据分为：完播率、作品平均播放时长、互动率和吸粉率。

（1）完播率。可以在"私信"—"商家服务通知"—"作品分析"或在"抖音创作者服务平台"—"作品数据"中查看完播率。短视频的完播率均值保持在 30% 以上是比较好的指标。视频的时长尽量控制在 15~40 秒，巧用热门 BGM、当下热梗、蹭热点等方式，吸引用户停留，提升短视频数据。

（2）作品平均播放时长。商家企业账号，可以在"私信"—"商家服务通知"—"作品分析"中查看。如果不是商家企业账号，可以在电脑端抖音创作者服务平台查看。发布的短视频时长在 15~40 秒，平均播放时长在 7 秒以上算是相对比较好的数据；如果是 1 分钟以上的长视频，那么平均播放时长在 15 秒以上算是比较好的短视频数据。

（3）互动率。短视频的互动率数值可以在商家企业账号电脑端"E 后台"—"短视频管理"中查看。互动率分为：点赞量、评论量和转发量。通过公式计算短视频的各项数据，短视频的点赞率（点赞量/视频播放量×100%）达到3%以上、评论率（评论量/视频播放量×100%）1%以上、转发率（转发量/视频播放量×100%）0.5%以上才是比较好的短视频数据。

（4）吸粉率。想要计算出短视频的吸粉率，首先得要知道短视频的吸粉量是多少，需要在抖音App、作品数据、视频吸粉量中查看短视频的吸粉量数据。通过（视频吸粉量/视频播放量）×100%这个公式计算出视频的吸粉率，吸粉率在1%以上是比较好的短视频数据。

小白：原来是这样，这些数据还这么有学问啊。

黄总监：只有真正了解了短视频数据的深意，才能更有针对性地去提高。我们可以选择更加精准合适的发布时间，前面也提到过发布时间的内容，但那只是用户最活跃的时间段。如果想要推送的人群更精准，你还需要结合用户画像，根据不同用户的使用习惯来确定发布时间。除此之外，还可以提高作品的互动数据。影响权重的互动数据就是点赞量、关注量、评论量、转发量。为了提高这四个数据，有条件的运营商可以借助团队人员的优势用不同手机账号作为助攻号。记住千万不要在同一时间段点赞，更不要视频还没有看完就评论。

此外，还可以参与合适的挑战或合拍。抖音官方每天都有很多的挑战活动，要根据自己账号的定位多参与合适的活动。抖音还有很多热门视频，选取与你内容相符的、同行同类型的进行合拍，这样会被更多用户看到，这俗称蹭热度、蹭大号。

最后，发布作品的时候，多多@相关的人和话题。在抖音中，@表示提醒谁来看你的视频。如果对方粉丝数量比较多，转发了你的视频，那你的播放量自然就上去了。@也要讲究技巧，就是你的内容要与对方相关，不能无缘无故@别人。话题同理，只蹭与内容相关的话题。

小白：短视频账号权重运营内容真出彩。

 拓展知识

项目三　任务四短视频账号权重运营

任务实施

朋友请听好@这个账号应如何测量账号权重，又应如何优化权重？

（1）账号权重测量。

账号权重可以细分到每一个上传的短视频的权重。每次上传一个短视频，都要关注这个短视频的播放量、点赞和评论数、分享次数、关注和粉丝数量、用户互动率以及热门话题参与度。其中播放量、点赞和评论数尤为重要。根据抖音平台的规则，只有播放量、点赞和评论数的数据都提升了，抖音平台才会把你推到更大的流量池，获得更大的曝光量。在这个过程中，短视频播放量上升了，但是点赞和评论数没有上升，那就要考

虑短视频的"黄金三秒"是不是要再优化一下，短视频的标题与文案是不是要优化一下，短视频的内容顺序是不是要变动一下，等等。单个短视频的权重提升了，那么整个账号的权重也会提升。

（2）优化账号权重的技巧。

①高质量内容。朋友请听好@这个账号首先要找到更具有共鸣性的视频素材、分辨率更高的视频素材，注重背景人声的处理以及背景声音的选择，只有这样才能制作和发布高质量、有趣、有吸引力的短视频。短视频内容应当与目标受众的兴趣相关，并具有独特的创意和故事性。

②视频优化。优化短视频的标题、描述和标签，确保它们与短视频内容相关并能吸引观众点击。在描述中使用关键词，以便更容易被搜索引擎发现，如图3-48所示。

图3-48 "朋友请听好@"评论区

③频繁更新。保持定期更新，保持一定的发布频率。频繁更新可以提升账号的曝光率，吸引更多观众。一个星期更新三个短视频即可。更新的时间段最好也是固定的，这样对粉丝来说更友好。对一个团队来说这个更新频率是不成问题的。如果是个人那就比较难，但只要坚持，就可以把账号做起来。朋友请听好@这个账号一开始也是一个人慢慢做起来的，后期可能会让学生团队来共同运营这个账号。

④互动和回应。积极与观众互动，回复评论和私信，建立良好的互动关系可以提高观众的参与度和忠诚度。

⑤使用热门话题和挑战。关注热门话题和挑战，制作相关的短视频内容，可以增加曝光率和分享量。抖音平台会不定时推出各种活动来让大家参加。打开抖音"创作者服务中心"里面的"活动中心"即可，如图3-49所示。

⑥运用网络营销和推广策略。学习和运用各种网络营销和推广策略，如社交媒体广告等，以增加账号的知名度和权重。抖音里可以设置粉丝群，这样可以更好地进行社群营销。单击"主播中心"—"粉丝群"选项，如图3-50所示。

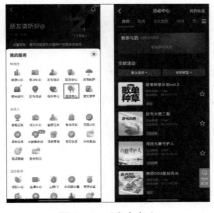

图3-49 活动中心

图3-50 创建粉丝群

1. 一个普通账号与一个高权重账号同时发布视频，平台给予的流量是不同的，其中高权重账号在发布视频时可获取（　　）流量。

A. 200～500　　　　　B. 1 万左右　　　　　C. 1 000～1 500　　　D. 500～1 000

2. 连续 10 个作品的播放量都在（　　）次，就可以被判定为"待推荐账号"，后面再发布短视频时就有机会获得平台更多的推荐和流量。

A. 500～1 000　　　　　　　　　　　B. 10 000～30 000

C. 100～300　　　　　　　　　　　　D. 1 000～3 000

3. 完播率是测算权重的重要维度，假如一共有 2 500 人观看了短视频，其中观看全程的有 1 000 人，观看了 60% 的有 500 人，其余观众观看时长不超过 60%，那么，该条短视频完播率是（　　）%。

A. 40　　　　　　　B. 50　　　　　　　C. 10　　　　　　　D. 2.5

4. 以下可以提高账号权重的方法是（　　）。

A. 提高账号视频原创度　　　　　　　B. 提高内容质量

C. 领域垂直　　　　　　　　　　　　D. 遵守平台规则

5. 抖音账号通常分为（　　）。

A. 僵尸账号　　　　B. 低权重账号　　　C. 待推荐账号　　　D. 已封账号

6. 短视频的点赞率达到 3% 以上、评论率 1% 以上、转发率 0.5% 以上，就属于比较优质的短视频数据。（　　）

A. √　　　　　　　　　　　　　　　B. ×

7. 账号权重分为几个等级，其中待上热门账号属于权重最高的账号类型。（　　）

A. √　　　　　　　　　　　　　　　B. ×

任务五　数据分析驱动短视频运营

课件

任务描述

短视频在运营过程中，数据分析越来越重要了。在分析短视频数据时用一些数据工具，针对指标有目的地运营，效果会更好。对抖音账号"朋友请听好@"进行粉丝数据分析。

任务分析

首先掌握短视频数据分析工具的使用方法，然后运用工具分析账号，根据分析指标来运营短视频账号。

相关知识

一、短视频数据分析工具

小白：我大致了解了，但是关于短视频数据我还是两眼一抹黑，我应该怎么分析这些数据呢？

黄总监：市面上有很多短视频数据分析工具，如果能够充分利用这些数据分析工具，可以达到事半功倍的效果。下面分享几款短视频创作者有必要了解的数据分析工具。

1. 飞瓜数据

飞瓜数据涵盖抖音、快手、哔哩哔哩、小红书、微视、秒拍等短视频平台数据，为用户提供热门视频、音乐、爆款商品及优质短视频账号等数据分析服务，帮助短视频创作者完成账号内容定位、粉丝增长、粉丝画像及流量转化等现实需求。以飞瓜数据抖音版为例，它能为用户提供热门素材、播主查找、数据监测、电商分析、品牌推广等服务。

例如，我们可以在直播排行里查询各大主播的直播数据，或者想查看某一位抖音主播的一场直播带货数据，就可以输入该主播账号进行查询，还可以自定义指标，选择想要了解的数据，如图 3-51 所示。

2. 蝉妈妈

蝉妈妈是一款专注于短视频和直播全网大数据开发的平台，涵盖了各类短视频达人榜、视频播放排行榜、热门素材、爆款商品等数据分析，帮助用户利用大数据来科学、

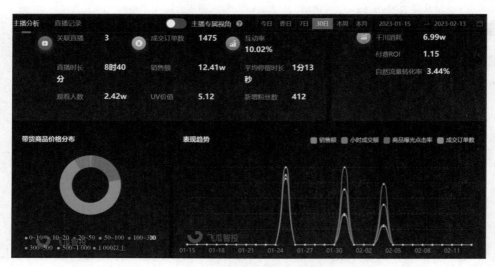

图 3-51 某主播带货直播数据

高效地运营短视频流量并实现转化。为了给用户提供更好的使用体验，最大限度地满足用户不同使用场景的需求，蝉妈妈为用户提供了电脑版和 App 版两个版本，以供用户选择使用，如图 3-52 所示。

图 3-52 蝉妈妈数据平台

以电脑版为例，蝉妈妈主要有直播榜、商品榜、达人榜、视频 & 素材库等数据分析功能板块。直播榜为用户提供精准的直播间详情数据，包括直播间人数和人气趋势、送礼人数、商品销售额与销量等数据，具有直播实时榜、达人带货榜、直播商品榜、礼物收入榜和土豪送礼榜五大榜单。

3. 在运营抖音账号时，抖音的"创作者服务中心"也提供了数据分析工具

"创作者服务中心"（见图 3-53）为我们运营抖音账号提供了参考。"数据中心"分为"数据全景""作品数据""粉丝数据"。

（1）数据全景是整个抖音平台所拥有的全部数据。数据全景涵盖了抖音用户、视频内容、用户行为、社交互动等方面的信息。通过对数据全景的分析，可以对整个抖音平台有一个综合了解，包括用户趋势、内容热点、用户活跃度等，帮助平台做出相应的决策和优化。

（2）作品数据是抖音上发布的短视频作品相关的数据。作品数据包括短视频的播放量、点赞数、评论数、分享数等指标，还包括短视频的标签、描述、时长等信息。通过对作品数据的分析，可以评估作品的受欢迎程度、用户反馈等，为创作者提供优化和改进建议。

图 3-53　创作者服务中心

（3）粉丝数据是指抖音用户的粉丝相关的数据。粉丝数据包括用户的粉丝数量、粉丝互动、粉丝的兴趣爱好等信息。通过对粉丝数据的分析，可以了解用户的喜好、兴趣，为创作者进行精准的推送和提供个性化的内容。

小白：原来数据分析工具有这么多门类啊，我需要好好了解一下。

黄总监：除了我说的这几个有代表性的平台外，其实还有很多，小白你可以去搜集别的平台，多多学习。短视频创作者运用这些数据分析工具，能够有效地提高数据分析效率，优化短视频运营策略。

二、短视频数据分析指标

1. 短视频分析指标

小白：好的，那我们要想分析短视频数据，是不是还需要知道短视频数据的分析指标呢？

黄总监：你说得对，短视频创作者在开展数据分析之前，需要对短视频数据分析指标有所了解，这样才有利于获得科学、有效的数据分析结果。短视频数据分析指标分为固有数据指标、基础数据指标和关联数据指标三大类。

（1）固有数据指标。固有数据指标是指短视频时长、短视频发布时间、短视频发布渠道等与短视频发布相关的数据指标。

（2）基础数据指标。基础数据指标主要是指播放量、点赞量、评论量、转发量和收藏量等与短视频播放效果相关的数据指标，具体如表 3-1 所示。

表 3-1　短视频基础数据指标

指标名称	释义	代表的意义
播放量	短视频在某个时间段内被用户观看的次数，代表着短视频的曝光量	衡量用户观看行为的重要指标。短视频的播放量越高，说明短视频被用户观看的次数越多
点赞量	短视频被用户点赞的次数	反映了短视频受用户欢迎的程度。短视频的点赞量越高，说明用户越喜欢这条短视频

指标名称	释义	代表的意义
评论量	短视频被用户评论的次数	反映了短视频引发用户共鸣、引起用户关注和讨论的程度
转发量	短视频被用户分享的次数	反映了短视频的传播度。短视频被转发的次数越多，所获得的曝光机会就越多，播放量也会增长
收藏量	短视频被用户收藏的次数	反映了用户对短视频内容的喜爱程度，体现了短视频对用户的价值。用户在收藏短视频后很可能会再次观看，从而提高短视频的播放量

（3）关联数据指标。关联数据是指由两个基础数据相互作用而产生的数据。关联数据指标包括完播率、点赞率、评论率、转发率、收藏率五个比率性指标。短视频的播放量、点赞量、评论量、转发量、收藏量的数据比较容易浮动，在这种情况下，如果短视频创作者仍然将播放量、点赞量、评论量、转发量、收藏量相差较大的短视频放在一起进行比较与分析，得出的分析结果往往是不科学的。此时，就需要使用比率性指标。因为播放量、点赞量、评论量、转发量、收藏量的数据变化浮动较大，但比率性指标比较稳定且具有规律性，使数据相差较大的短视频具有了可比性。

2. 短视频数据分析的维度

小白：我了解了，那么数据分析维度是什么呢？

黄总监：短视频创作者可以对同 IP 下的短视频进行数据分析。同 IP 下的短视频分析，是指短视频创作者对相同账号下的短视频进行分析，包括单视频分析、横向对比分析和纵向对比分析三种方式：①单视频分析是指短视频创作者对自己短视频账号中的某条短视频的数据进行分析，通过分析相关数据发现其是否存在问题，并寻找相关原因。②横向对比分析是指短视频创作者将自己发布在不同平台上的短视频的数据进行整合、统计，分析这些短视频在不同平台上的运营情况。③纵向对比分析是指短视频创作者将自己账号中的短视频按照选题或拍摄风格的不同划分为不同的类型，然后分析各种选题、各种拍摄风格的短视频数据，根据数据分析结果优化短视频的选题和短视频拍摄方法等。

三、数据分析优化运营

小白：好的，我都记下了。我们分析这些数据会得出相应的结论，下一步是不是还要对其进行优化运营？

黄总监：当然了，如果只分析不优化，那分析得再好也没有实质性意义。其实数据化运营是一种科学的运营方法，通过专业的数据分析，短视频创作者可以了解自己短视频账号的运营状况，根据数据分析结果调整与优化运营策略，同时还能了解竞争对手的运营状况，分析他们的运营策略，以指导自身运营。

　　数据指导运营，运营建立在数据分析的基础之上。对短视频运营来说，数据分析的作用主要表现在以下几个方面。

　　（1）指导短视频内容创作方向。"万事开头难"，在短视频账号运营初期，短视频创作者可能对短视频市场、短视频选题方向等的了解并不充分，此时就需要用数据来指导短视频内容创作方向。在运营初期，短视频创作者可以先拍摄几条短视频并将其发布到某个短视频平台上，然后关注这些短视频在该平台的播放量、点赞量。这样短视频创作者可以初步总结用户对哪些短视频比较感兴趣，用户感兴趣的短视频有哪些特点。之后短视频创作者可以根据自己的总结去开展短视频的内容策划和拍摄工作，经过不断地总结、优化，短视频创作者的创作方向就会越来越清晰。

　　（2）确定运营重心。短视频平台有很多，究竟是深挖某个平台，还是全网铺开，在多个平台上同时分发内容，这是短视频创作者需要考虑的问题。如果短视频创作者实力雄厚，人力、物力、财力等资源充足，可以选择全网铺开；如果短视频创作者的实力有限，则可以考虑将有限的资源重点投放在某个平台上。在运营初期，短视频创作者可以在多个平台上发布具有相同内容的短视频，然后跟踪并分析短视频在不同平台上的数据表现。对数据表现较好的平台，短视频创作者可以将其作为自己重点运营的平台；对数据表现不好的平台，短视频创作者则可以直接放弃。

　　（3）短视频创作者明确了重点运营的平台后，需要利用数据分析充分了解该平台的创作环境、用户画像等特征，使用数据分析结果在该平台进行精细化运营，并且不断探索和研究在该平台上获得高流量的方法。

　　（4）优化短视频运营。短视频账号的运营步入正轨后，短视频创作者需要借助数据分析来进行更精细化的运营，包括优化短视频内容创作、发布时间等。①优化短视频内容创作。短视频创作者确定了内容创作方向后，需要通过分析自身短视频账号的数据和竞品的数据来不断优化短视频的内容，包括优化短视频的选题、标题设计、拍摄方法、台词或解说设计等。通过分析数据，短视频创作者可以总结点赞量高、评论量高或转发量高的短视频的选题有什么特点，标题和封面设置有什么特点，以及短视频拍摄方法、台词或解说词的设计有什么特点等，然后根据分析结果来指导自己的短视频创作。②优化发布时间。不同的短视频平台具有不同的特性，短视频创作者发布了短视频后，需要记录短视频的发布时间和各个平台的数据表现，分析在哪个时间段发布在哪个短视频平台上能够获得更多的流量，从而让自己的短视频获得更多的播放量。

　　小白：有了数据分析这把利器，运营短视频我更有信心了。

项目三　任务五短视频数据分析工具

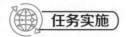

任务实施

除了上述数据分析方法，抖音也具有自己的数据分析工具，试分析抖音账号"朋友请听好@"的粉丝数据

（1）打开抖音"创作者服务中心"里的"数据中心"，关于这个账号的所有数据基本都具备，用户使用起来很方便。

（2）单击"粉丝数据"里的"粉丝画像"选项，如图 3-54 所示。

图 3-54　粉丝画像数据分析

（3）单击"粉丝数据"里的"粉丝兴趣"选项，如图 3-55 所示。

图 3-55　粉丝兴趣数据分析

（4）结论：在所有的粉丝里女性占 80%，年龄在 24~40 岁的占 70%左右。这对抖音账号"朋友请听好@"是非常有利的，因为这个账号是情感类的影视剪辑带货账号，它带的货主要是书籍。年龄在 24~40 岁的女性具备消费能力；广东、沿海省份的粉丝居多；粉丝中用苹果与华为手机的较多，显示粉丝具有一定的经济实力；粉丝的重度活跃

点为 76%，显示粉丝的转化率是可观的；粉丝爱好随拍的占比最高。有了这些数据可以证明这个账号的方向是正确的，具有一定的经济价值。这些数据为未来账号精确投 Dou+ 也指明了方向，而不必进行常规投放。

任务考核

1. 短视频数据中的转发量指的是（　　）。

A. 短视频被用户点赞的次数　　　　　　B. 短视频被用户评论的次数

C. 短视频被用户分享的次数　　　　　　D. 短视频被用户收藏的次数

2. 短视频数据分析指标不包括（　　）。

A. 固有数据指标　　　　　　　　　　　B. 基础数据指标

C. 竞争数据指标　　　　　　　　　　　D. 关联数据指标

3. 基础数据指标是短视频数据分析的重要指标之一，该指标主要用于分析（　　）。

A. 播放量　　　　　　　　　　　　　　B. 点赞量

C. 评论量　　　　　　　　　　　　　　D. 转发量

4. 在进行短视频数据分析时，除了分析自身外，通常还需要分析竞争对手数据，我们主要按照（　　）等步骤来进行分析。

A. 确定竞品　　　　　　　　　　　　　B. 收集竞品资料

C. 竞品分析　　　　　　　　　　　　　D. 竞品设计

5. 短视频创作者对相同账号下的短视频进行分析，可以采用（　　）方法。

A. 单视频分析　　　　　　　　　　　　B. 横向对比分析

C. 竞品对比分析　　　　　　　　　　　D. 纵向对比分析

6. 单视频分析是指短视频创作者给自己账号中的一条短视频选择一条竞争视频，并进行数据分析。（　　）

A. √　　　　　　　　　　　　　　　　B. ×

7. 视频收藏量一定程度上可以反映出用户对短视频内容的喜爱程度，体现了短视频对用户的价值。（　　）

A. √　　　　　　　　　　　　　　　　B. ×

任务六　短视频变现方法

课件

任务描述

短视频账号运营的最终目的就是变现。帮助抖音账号"朋友请听好@"实现变现。

任务分析

目前短视频变现方法主要有以下五种：广告变现、电商变现、直播变现、知识付费变现、IP 变现。利用变现方法实现账号变现。

相关知识

黄总监：小白，你知道我们讲了这么多，从短视频制作方法到运营，到底是为了什么吗？是为了引流，提高数据吗？

小白：我知道，最终目的肯定不是高流量高数据，而是流量数据带来的质变——高变现。毕竟拿在手里的才是真实的。

黄总监：不错，因为抖音的高日活量，以及简单的变现方式，越来越多的用户开始将发展方向转向抖音。无论是广告变现、电商变现还是直播变现，不同的创作者都可以选择适合的方式来实现财富增长。

一、广告变现

广告变现是指在抖音短视频中植入商家产品，商家给予博主一定的广告费。当账号有一定的粉丝基数或有一定影响力时，可以选择广告变现。

常见的变现方式有两种：一种是通过官方平台或 MCN 机构等，另一种则是直接对接商家。MCN 机构就是一个内容创作者矩阵，可以帮助达人提高创作力、运营力和变现力。

当然，你也可以选择直接和品牌方对接。如果有团队，可以由专业团队来交接工作：一种是由商务人员主动去市场中寻找匹配的产品，与相应公司沟通广告合作；另一种是有广告找上门时，商务人员与其对接洽谈。常见的短视频植入广告包括：软性广告、冠名广告、贴片广告、代言广告等。

一般来说，短视频进入煽情阶段，就是植入软性广告的最佳时机，这种方式是将产品融入短视频里，注重引导用户的转化。如果账号定位清晰，是比较容易接到软性广告的。

冠名广告是广告主为了提升企业和产品的影响力而采取的一种阶段性的宣传策略。综艺节目常用的冠名形式有片头标版、主持人口播、演播室放置广告标志等。而在短视频行业，冠名通常体现为字幕鸣谢、添加话题、添加挑战、特别鸣谢等，它与软广告相似，但是相比之下，冠名广告更强调广告的品牌。

贴片广告是指在短视频片头、片尾或插片播放的广告。贴片广告是创作者制作成本较小的一种广告形式，最常见的形式是放在短视频结尾，时长为5~10秒，不会影响短视频原有内容，这种形式比较容易被用户接受。

代言广告是指为某一款产品或某一个品牌代言，当然，这种广告形式广告费较高，而且对视频创作者的要求比较高。

例如，抖音账号"这是TA的故事"有一条视频里就加入了父亲节的礼物"花旗参颗粒"，如图3-56所示。

图3-56 "这是TA的故事"视频主页

二、电商变现

电商可分为一类电商与二类电商，二者的差别主要在于购买的直接性。淘宝、京东等平台是一类电商，抖音等短视频平台是二类电商。这种电商模式变现，就是二类电商直接跳转到一类电商平台。目前抖音作为一个入口，和淘宝、京东、网易等合作，为其导流。当抖音账号的粉丝数大于1 000人时，就可以申请"商品橱窗"功能，如图3-57所示。

图3-57 商品橱窗功能

商品展示也就是"购物车图案"可以出现的位置有三个：视频播放页、视频评论区以及主页橱窗。这种变现方式具有以下三大优势。

（1）可以直接给消费者"种草"，激发他们的购买需求，转化效果好。比如"西瓜麻麻"，以"三伏天不适合吵架……"为标题的视频就做了这样的变现。视频左下方放上"购物车图标"，观众看完视频点击链接就可以购买视频里展示的商品。由于故事讲得好，视频热度高，产品的销量自然不在话下。

（2）并不是所有的物品推荐都需要通过故事情节串联起来才会奏效，还可以直接描述物品特点、开门见山地介绍，也会被用户接受。这样做的抖音博主其实就是直接告诉用户，我就是来卖东西的，而视频就是为了让大家看看商品有多好。

（3）比起广告变现，即使粉丝量稀少，电商变现依旧可以实现，商品的出单量与播放量有关，所以即使是刚刚开通的账号，也有可能上销量榜。借助电商变现，抖音曾让多款商品火爆全网。在账号的垂直领域内，选择相关的商品放入自己的橱窗中，更容易变现，新人可以尝试这种方法。

三、直播变现

小白：我还知道一种变现方式，就是直播变现，现在特别火爆。

黄总监：从 2020 年开始，直播逐步走向成熟，与短视频形成了共生关系，我们需要关注在这种新型关系下，直播变现的巨大潜力。在抖音中开直播，一方面是抖音功能空间的拓展，为内容创作者提供涨粉的舞台。这类主播可以通过粉丝打赏变现。另一方面是通过直播，可以更加直观地展现商品的特点，再配合直播的话术设计，使商品直播变现更容易，例如，高晓松参与的"诗和远方"公益直播，2 小时帮湖北卖货 439 万元。

小白：我知道，我也经常看直播，看到便宜的东西就忍不住下单。

黄总监：这就是直播变现的优势，由于直播这块肉太肥，不单单是网红参与直播带货，连明星和知名企业家都开始加入直播行列。直播变现规模之庞大、范围之广泛，实在不容小觑，小白你的短视频账号稳定之后也可以尝试做直播。

小白：直播变现可以从哪些方面来体现呢？

黄总监：主要有五个方面。

（1）直播间带货。主播通过视频直播展示和介绍商品，让卖货可以不受时间和空间的限制，并且可以让用户更直观地看到和体验到产品。用户看直播时可直接挑选购买商品，直播间可以此盈利。

（2）企业宣传。由直播平台提供技术支持和营销服务支持，企业可通过直播平台进行发布会直播、招商会直播、展会直播、新品发售直播等，打造专属的品牌直播间，助力企业宣传实现传统媒体无法实现的互动性、真实性、及时性。

（3）打赏模式。观众付费充值买礼物送给主播，平台将礼物转化成虚拟币，主播对虚拟币提现。如果主播隶属于某个公会，则由公会和直播平台统一结算，主播与公会再结算。这是最常见的直播类产品盈利模式。

（4）承接广告。当主播拥有一定的名气之后，商家会委托主播对其产品进行宣传，主播收取一定的推广费用。在直播中可以通过带货、产品体验、产品测评、工厂参观、实地探店等形式满足广告主的宣传需求。

（5）内容付费。一对一直播、私密直播、在线教育等付费模式直播，粉丝只有通过购买"门票"等方式才有权限进入直播间观看；但是付费直播对内容质量要求较高，有好内容才可有效地留住粉丝，并且持续靠内容盈利。

四、知识付费变现

小白：还有没有别的变现方式啊？我看到过很多卖课的，我也购买了一些课程，这是不是一种变现方式呢?

黄总监:你说的也是一种常见的变现方式——知识付费变现。这种变现方式是运营体系成熟后,创作者应用自身资质与经验写作、出版书籍和开设线上课程等,以售书、售课为盈利方式的变现手段,是短视频运营后端的一种高效收益方式。这种方式对创作者的知识水平要求比较高。其实,抖音等短视频平台的操作知识也可以出版。"短视频"类书籍的出版就是将短视频领域的内容集合处理并出版变现的范例。"Ai 绘画教程(风向标)"抖音主页如图 3-58 所示。

图 3-58 "Ai 绘画教程
(风向标)"抖音主页

小白:常见的知识变现方式包括哪几种呢?

黄总监:我总结了四种。

(1)只卖网课:将课程录制成视频等形式,然后以付费的方式销售给用户。这种方式可以根据不同的课程设置不同的价格,并且通过积累粉丝来实现变现。

(2)从公域引流到私域:通过提供一些免费的内容或服务来吸引用户,然后通过售后建立私域流量,例如建立社群,并在群里为粉丝提供解答等服务,从而实现变现。

(3)将线下的培训课程与线上课程相结合。线下课程通常价格较高,但线上课程更具灵活性和便利性。可以通过线上为实体商家提供增值服务,例如帮助商家增加客户数量,从而获得培训费用和产品利润。

(4)开通私人定制课程:将一对多的课程转变为一对一的定制课程,以提供更具针对性的服务。由于定制课程更具个性化和专业性,收费通常较高。

获取精准用户和维护好用户是知识付费变现的前提。例如,纷传小程序系统可为内容创作者提供触达目标人群的能力(通过付费筛选),小程序能提供抽奖、报名、打卡、分销等免费的营销小工具,通过用户人脉裂变,从而获取高精准用户。

五、IP 变现

小白:那还有别的变现方式吗?

黄总监:大 IP 的变现方式多种多样,这里我主要介绍一些常见的 IP 变现渠道。

(1)卖粉、卖号、形象代言。在生活中,无论是线上还是线下,都存在转让费。而随着时代的发展,逐渐有了账号转让的概念。同样的,账号转让也需要由接收者向转让者支付一定的费用,因此账号转让成为获利变现的方式之一。除了各种短视频平台外,其他平台如微信、微博、贴吧等,都可以进行账号转让。

(2)直播卖货和刷礼物。对那些有直播技能的主播 IP 来说,最主要的变现方式就是通过直播来赚钱。粉丝在观看直播的过程中,可以在直播平台上充值购买各种虚拟的礼物,在主播的引导或自愿的情况下送给主播,而主播可以从中获得一定比例的提成以及其他收入。

(3)内容付费培训服务。目前,内容市场上的主流盈利做法是内容免费,广告赞

图 3-59 "小浪滔滔剧场"
抖音主页

助，而知识交易则完全相反，它是一种直接收费的内容盈利模式。另外，大 IP 还可以用培训课程、考研教育等模式变现，这些方法非常适合一些做知识类方向的短视频"抖商"。

（4）出版图书版权盈利。图书出版付费，主要是指"抖商"在某一领域或行业经过一段时间的经营，拥有了一定的影响力或经验之后，将自己的经验进行总结，然后结集出版，以此获得收益的盈利模式。例如，抖音账号"小浪滔滔剧场"（见图 3-59）等都采取这种方式实现盈利，收益也比较可观。等作品火到一定程度后，还可以通过售卖版权来变现，版权可以用来拍电影、电视剧或者网络剧等。这种方式比较适合那些成熟的短视频团队。

（5）IP 进入娱乐圈变现。当个人 IP 做成品牌，吸粉后就可以向娱乐圈发展，如拍影视剧、上综艺节目以及当歌手等。同时，抖音也在反哺娱乐圈，通过赞助多个综艺节目来加速自身的"造星"模式进程，给"网红"提供更多的推广和制作扶持，为抖音的红人输送体系做好了铺垫。

项目三 任务六短视频变现方法

任务实施

抖音账号"朋友请听好@"如何实现挂小黄车带货？

（1）抖音规定要进行橱窗带货，应满足公开发布视频大于等于 10 条，粉丝数大于等于 1 000 人，要进行实名认证，并缴纳 500 元的保证金。特别注意，一个身份证只能绑定一个抖音账号。在抖音里单击"创作者服务中心"—"电商带货"选项进行开通，如图 3-60 所示。

（2）单击"选品广场"选项，在搜索框中输入想要带的货品，比如书籍《断舍离》，然后单击"加橱窗"按钮即可，在这个过程中要注意选品时应尽量选择销量高且评分高的链接；与商家合作，谈高佣金；每种商品需要加入两个链接，如图 3-61 所示。

（3）当我们在发布视频界面时，单击"添加标签"按钮，会出现如图 3-62 所示的页面，单击"商品"按钮就可以加入想带的货。

（4）添加带货商品，这里加的是书籍《断舍离》，如图 3-63 所示。

（5）添加商品已经成功，这时就可以发布短视频了，如图 3-64 所示。

图 3-60　商品橱窗界面　　　　　　　　　图 3-61　选品广场

图 3-62　在抖音发布界面添加商品　　　　图 3-63　添加商品　　　图 3-64　发布带货短视频

任务考核

1. 常见的 IP 变现方式不包括（　　　）。

A. 卖号　　　　　　　　B. 品牌代言　　　　　　C. 版权盈利　　　　　　D. 直播到货

2. 当抖音账号的粉丝数大于（　　　）人时，就可以申请"商品橱窗"功能。

A. 500　　　　　　　　B. 1 000　　　　　　　C. 1 500　　　　　　　D. 2 000

3. 常见的短视频植入广告包括（　　　）。

A. 软性广告　　　　　　B. 贴片广告　　　　　　C. 冠名广告　　　　　　D. 代言广告

4. 如今，直播之风盛行，越来越多的短视频创作者开始步入直播行列，下面属于直播变现方式的是（　　　）。

A. 直播间带货　　　　　B. 企业宣传　　　　　　C. 承接广告　　　　　　D. 内容付费

5. 以下属于知识付费变现的是（　　　）。

A. 只卖网课　　　　　　　　　　　　　　　B. 从公域引流到私域

C. 线上线下授课相结合   D. 私人定制课程

6. 电商变现可以直接给消费者"种草"，激发用户的购买需求，转化效果好。（　　）

A. √   B. ×

7. 贴片广告是创作者制作成本较小的一种广告形式，最常见的形式是放在视频结尾，时长为 5～10 秒。（　　）

A. √   B. ×

拓展任务

以"我的家乡在××"为基本主题，拍摄一条展现家乡美的
短视频，并上传到自己的抖音账号

1. 背景

短视频平台近年来快速发展，已成为人们分享生活、展示创作才华的重要渠道。许多用户利用短视频平台来宣传自己的家乡，展示家乡的美丽景观、特色文化和丰富历史。短视频平台为当地旅游推广提供了一个新的渠道。通过短视频展示家乡的自然风光、人文景观和特色美食，不仅可以吸引更多游客前来参观和旅游，还可以吸引更多的投资，推动地方经济发展，让更多人了解和关注某个地方，提升其知名度和声誉。

黄总监：拍摄家乡美食美景的短视频越来越受欢迎，利用这个契机，你也可以注册一个抖音账号，拍一个短视频来宣传自己的家乡。

小白：收到，与读者一起完成任务，我是最高兴的。

2. 任务内容

（1）注册一个抖音账号，并完善账号资料。

（2）策划一条以"我的家乡在××"为基本主题的短视频，要有旁白与脚本，时长 1 分钟。

（3）拍摄与制作"我的家乡在××"的短视频。

（4）发布短视频。

（5）在账号里关注短视频数据，并在评论区与粉丝互动。

（6）优化"我的家乡在××"的策划与制作，以及发布策略，为账号运营打下基础。

3. 任务安排

本任务是一个团队任务，要求成员运用以上讲解过的知识分工协作完成，时间为 5 天，完成后分享抖音账号二维码，并做好交流的准备。

素养提升

党的二十大报告指出要"健全网络综合治理体系，推动形成良好网络生态"。

直播营销从无人问津到如日中天再到回归理性，发展极为迅猛，因此更需要完善行业准则。回看直播的发展历程，即使目前直播规则比起前几年完善了很多，但仍然有非常多的短视频创作者和专职主播钻法律空子，以下是几个比较典型的违规直播间案例。

2021 年 10 月 29 日，北京市消费者协会（以下简称"北京市消协"）和河北省消费者权益保护委员会联合发布了直播带货消费体验调查结果。结果显示，当前直播带货消费体验情况总体较好，但同时还存在部分涉嫌虚假宣传、不按规定公示证照信息、言行低俗、价格误导以及没有显著提示私下交易风险等问题。

在 100 个直播带货体验样本中，有 33 个涉嫌存在违法违规问题。其中，淘宝"瘦身女王郑多燕"直播间等 17 个样本涉嫌虚假夸大宣传；快手"蛋蛋 22 号夏日爆品专场"直播间等 5 个样本涉嫌言行低俗；抖音"韩兆导演"直播间等 2 个样本涉嫌价格误导；拼多多"千尘堂助高实体店"直播间对应的实体店等 13 个样本涉嫌不按规定公示证照信息；苏宁易购"东职院直播小师妹"直播间等 2 个样本涉嫌未落实"7 天无理由退货"规定；唯品会等 3 个平台部分样本涉嫌没有以显著方式提示私下交易风险。

1. 夸大宣传

本次体验调查的 100 个直播带货样本中，有 17 个样本涉嫌存在虚假宣传问题。其中，淘宝平台 7 个、拼多多平台 5 个、京东平台 3 个、抖音平台和小红书平台各 1 个。这 17 个涉嫌存在虚假宣传问题的样本，主要是主播或直播间其他工作人员通过虚假夸大宣传产品功效，以及使用极限用词等方式诱导消费者下单购买，涉嫌侵犯消费者的知情权和选择权。

如某主播在介绍一款饮料时，宣称"吃一天就有效果""可以帮助你来排油，管理大肚腩，又可以去除湿气"；某主播宣传一款增高贴，"两个疗程长 5~15 厘米，保底长 5 厘米，没有长到 5 厘米全额退款""8 岁到 48 岁都管用"。

2. 涉嫌言行低俗

此外，部分主播在直播带货过程中涉嫌存在低俗言行问题。调查发现，淘宝"明星化妆某某"、淘宝"媚娘–媚某某"、快手"蛋蛋某日某场专场"、抖音"某某脾气大的橱窗"等直播间涉嫌存在言行低俗问题。

3. 价格误导

还有少数主播或商家涉嫌利用使人误解的价格手段误导消费者。有的主播在直播过程中通过和其他平台比价的方式，诱导消费者购买其直播间推荐商品，涉嫌利用使人误解的价格手段误导消费者。

另外，各大电商平台中还存在部分直播带货商家没按规定公示证照信息以及少数直播带货平台没有显著提示私下交易等风险。网红明星直播带货，20 个样本中，有 5 个样本存在消费体验不佳问题。

针对上述多项问题，北京市消协和河北省消费者权益保护委员会建议，直播带货经营者要诚信守法经营，有关部门要对直播带货业态进一步加强监管。

课程自测

1. 不定项选择题

（1）一条优质的短视频的完播率均值尽量保持在（　　　）以上。

A. 30%　　　　　B. 50%　　　　　C. 60%　　　　　D. 10%

（2）短视频中的"购物车图案"可以出现的位置不包括（　　　）。

A. 视频播放页　　　　　　　　　　B. 主页橱窗

C. 视频弹幕区　　　　　　　　　　D. 视频评论区

（3）在直播中通过产品体验、产品测评、工厂参观、实地探店等形式满足广告主宣传需求的方式属于（　　　）。

A. 电商变现　　　B. IP 变现　　　C. 广告变现　　　D. 直播变现

（4）电商可分为一类电商与二类电商，抖音属于（　　　）。

A. 一类电商　　　　B. 二类电商

（5）新站是新榜数据旗下的一个视频数据分析工具，主要面向（　　　）。

A. 哔哩哔哩　　　B. 抖音　　　C. 快手　　　D. 小红书

（6）新榜具有非常全面的短视频数据分析能力，它包括（　　　）等多种分析工具，可以分析不同平台数据。

A. 新红　　　　B. 新站　　　　C. 新贴　　　　D. 新抖

（7）社群营销正在不断发展，其优点包括（　　　）。

A. 低成本高利润化　　　　　　　　B. 泛营销化

C. 病毒式的口碑传播　　　　　　　D. 高效传播

（8）社群营销是一种全方位的营销活动，主要活动方式包括（　　　）。

A. 市场调查　　　B. 产品选择　　　C. 市场公关　　　D. 人员组织

2. 判断题

（1）短视频数据横向对比分析是指短视频创作者将自己发布在不同平台上的短视频的数据进行整合、统计，分析这些短视频在不同平台上的运营情况。（　　　）

（2）对于电商变现，并不是所有账号均可参与，需要账号粉丝达到一定数量之后方可进行。（　　　）

（3）蝉妈妈是一款常用的数据分析软件，包括电脑版和移动版两种。（　　　）

（4）知识付费变现要求短视频创作者必须要具有一定学业成就。（　　　）

（5）"网络笑话大全"属于特定人群型标题。（　　　）

3. 简答题

（1）如果让你注册一个短视频账号，定位为美食分享类，那么要如何进行账号设置？

（2）知识科普类短视频需要遵循哪些要求？

（3）请结合所学知识，在抖音发布一则零食分享类短视频。

综合实训

每个小组打开教学与实战时所用的短视频账号，统计账号的各项数据，包括账号内短视频的评论、点赞、转发等各项数据，进行数据化运营，并提出存在的问题和改进意见。

1. 实训内容

（1）将账号与短视频的各项数据进行分析，明确自身的优缺点。

（2）分析同种类型的高质量短视频，并罗列出值得借鉴的地方。

（3）优化短视频策划与制作，调整发布短视频的策略，重新上传一个短视频，并在三天后再次进行数据分析。

2. 实训要求

（1）选择相同题材的短视频进行分析，可以得出更加精准的结果，将总结的经验形成一套较为完整的思维方式，可以在发布此类短视频的时候直接使用。

（2）一个优秀的短视频账号并不在一朝一夕，而是要不断进步，在重新调整发布后，再次进行分析，选择更优秀的短视频进行对比分析，直到将此类短视频的套路摸清摸透，最终转变为自己的知识。

案例篇

项目四 网购商品短视频制作

项目导入

经过黄总监、李导演以及王摄像等团队成员的指导，再加上小白的勤奋好学，小白已经慢慢地成长起来。

黄总监：学习不能只停留在理论层面，还需要掌握实际操作技能，学以致用，将理论知识和实际操作融会贯通，这样才算是真正的"出师"。

小白，接下来会安排你学习制作短视频的核心内容，你平时除了跟着李导演、王摄像实践，也要抽时间学习新内容。

小白：我现在白天跟着李导演、王摄像干活，晚上学习您安排给我的任务。

李导演：小白确实勤奋，我很欣赏。

王摄像：小白，我还有很多东西要教给你，你可要坚持学习啊。

黄总监：那我就放心了，这次的学习任务包括使用拍摄设备、操作剪辑软件、转换视频格式，以及使用声音处理软件。

小白：这些都是干货啊，有些经验是书上没有的，黄总监，有您手把手地教我，比我自己单独看书成长得更快，我一定会努力完成任务，成为和你们一样的精英，为团队发光发热。

众人：好样的，小白，期待你的成长。

知识准备

一、拍摄设备的使用

黄总监：小白，到防潮柜这边来，平时拍摄要用到的设备都会放在这里面，它可以有效地保护设备。接下来，我给你讲一下拍摄设备的使用方法。

小白：很期待接下来的学习。

1. 手机

课件

黄总监：现在很多人用手机拍摄短视频，像 iPhone、华为、小米以及 OPPO 等品牌的智能手机拍出来的效果都不错，而且快捷方便。我们团队目前使用的是 iPhone14 pro。

小白：抖音上说 iPhone 手机的传感器、芯片和影像算法有独特的优势，所以很多人都用 iPhone 拍摄短视频。

黄总监：各有千秋，华为手机的徕卡镜头和长焦微距也非常出色。以 iPhone 手机为例，拍摄前先调整拍摄参数，选择"设置"→"相机"→"兼容性最佳"，这样方便将视频导出到 Windows 系统的电脑中。

小白：看了 iPhone 的拍摄设置，好专业，我这种什么都不懂的新手有点担心。

黄总监：iPhone 设计人员想到了这方面，所以提供了一些拍摄模式，让"菜鸟"也能拍大片。

小白：具体有哪些拍摄模式呢？

黄总监：（1）正常拍摄模式所有手机都差不多，点开"照相"功能，滑动下方选项条，选择"视频"模式，然后单击红色圆形按钮就可以开始录制了，再次单击该按钮停止录制。

（2）"慢动作"模式，滑动下方选项条选择"慢动作"，单击红色圆形按钮开始，再次单击该按钮结束拍摄。

（3）"延时摄影"模式，也是滑动下方选项条进行选择，单击红色圆形按钮开始和结束拍摄。

小白：那拍摄视频的参数是什么呢？

黄总监：打开"设置"→"相机"→"录制视频"，拍摄日常生活建议选择 4K、24fps 的视频格式，想要视频动作更流畅建议选择 4K、60fps。打开"HDR 视频"方便查看拍摄的视频，如果想传输视频文件则建议关掉，避免传输出现问题。具体如图 4-1 与图 4-2 所示。

2. 微单

黄总监：手机的设置介绍完了，不难吧？我看你学习能力挺强的，接下来再提升一下。很多短视频达人都在用微单相机进行拍摄，微单在色彩还原上更加真实，画质也更高、更细腻，我们团队主要使用的微单是索尼 A7S3。

小白：这个我也抖音上刷到过，许多短视频达人都推荐。

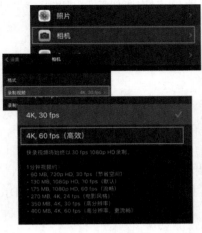

图 4-1　格式设置

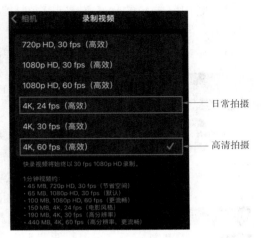

图 4-2　视频分辨率

　　黄总监：拍摄视频最主要的是视频的分辨率和帧数，分辨率越高越好。这款微单配备了 1 210 万像素全画幅背照式 Exmor R CMOS 影像传感器，具有超高感光度和 15+级动态范围表现力，机身支持五轴防抖，还采用了新的自动对焦系统。支持 4K、120P 视频拍摄，10-bit、4∶2∶2 色深，并采用了新的散热结构和双卡槽记录，两个卡槽均兼容 CFexpress Type A/UHS-II SDXC 存储卡，可录制超过 1 小时的 4K、60p 视频。平时拍摄选用 4K、1 080P 分辨率、25 帧率，拍摄丝滑的慢动作时可以选用 100 或 120 帧率。

　　泰山增稳算法为进一步稳定拍摄提供技术基础。此外，它还支持超级增稳模式，即使在等效 100 毫米焦距下拍摄，也能保持画面稳定。曝光格式选中手动曝光，这样可以防止视频忽明忽暗。快门数值一般为帧速率的两倍，光圈数值越小，虚化程度越好，画面主题越明亮，最后控制 ISO（感光度），ISO 数值越低，画面越纯净；数值越高，噪点越多。

　　索尼 A7S3 还可以使用智能功能调整参数，新设计有可触摸菜单和侧翻式液晶屏。用户可以通过触摸彩屏或 Ronin App 一键切换至竖拍模式，拍摄更适合发布在社交媒体的内容。

　　小白：好的，我明白了。

　　3. 稳定器和脚架

　　黄总监：介绍完手机和微单之后，再来讲一下拍摄视频的辅助设备——稳定器和脚架。这里主要介绍大疆 RS3 稳定器（见图 4-3）、三脚架和单脚架，脚架的牌子可以根据个人喜好来选择。

　　小白：好的。

　　黄总监：首先介绍一下大疆 RS3 稳定器。拍摄视频主要使用稳定器的四种模式。

　　（1）智能跟随模式：在 Ronin App 中进入图传界面，图传页面中的中心框对准跟随目标后，单击扳机按键开始智能跟随；然后在图传页面开启智能跟随功能，开启后在手机画面中框选跟随目标即可。

图 4-3　稳定器

（2）竖拍模式：双击 M 按键或者在大疆 RS3 主屏幕"跟随模式"里单击"竖拍模式"选项。

（3）运动模式：长按 M 按键进入运动模式，松开即退出运动模式。

（4）锁定运动模式：长按 M 按键进入运动模式，双击扳机按键，松开所有按键，即可进入锁定运动模式。重复上述操作，退出锁定运动模式。

小白：在网上购买稳定器自己能组装起来吗？

黄总监：线上店铺都会有入门指南视频，稳定器一定要调整平衡，这样将相机或手机安装上去拍摄时才会达到平稳的状态。你也可以在哔哩哔哩里面搜索稳定器的组装视频，UP 主"DJI 大疆创新"就有关于这款稳定器调整平衡的视频，如图 4-4 所示。

小白：调节平衡之后我该怎么拿着拍摄呢？

黄总监：推荐你去看哔哩哔哩 UP 主"摄影师林馆长"，他有几期视频深层次讲解了大疆稳定器的使用方法，如图 4-5 所示。

小白：好的，我回去看看。

图 4-4 "DJI 大疆创新"
哔哩哔哩主页

黄总监：手持稳定器时，还要注意两点：①避免手剧烈抖动，尽量放慢脚步屈腿行走；②不要一直盯着人物看，注意整体画面构图。

小白：好的，我会注意的。

黄总监：再来介绍三脚架，传统的三脚架稳定性更好，适合固定拍摄。八爪鱼三脚架（见图 4-6）不仅体积小、重量轻、携带方便，还可以随意弯曲，能随时随地进行拍摄，比较推荐大众使用。还有一种支撑相机/手机的单脚架，如图 4-7 所示，它比传统三脚架更加方便灵活，在长期拍摄时，可以减轻疲劳感，也能很好地保持拍摄的稳定性。

图 4-5 "摄影师林馆长"
哔哩哔哩主页

图 4-6 八爪鱼三脚架

图 4-7 单脚架

小白：拍摄视频时使用稳定器可以减少画面晃动，呈现出更好的视频效果。

黄总监：理解得很到位。

拓展资源

项目四　4-1 拍摄设备的使用

同步自测

1. 下面关于手机拍摄模式操作顺序正确的是（　　　）。

①再次单击红色圆形按钮停止录制　②点开"照相"功能　③单击红色圆形按钮开始录制　④滑动下方选项条，选择"视频"模式

　　A. ①④②③　　　　B. ④①③②　　　　C. ③④①②　　　　D. ②④③①

2. 光圈数值越（　　　），虚化程度越（　　　），画面主题越（　　　）。

　　A. 小、弱、昏暗　　　　　　　　　　B. 小、强、明亮

　　C. 大、弱、明亮　　　　　　　　　　D. 大、强、昏暗

3. 相机参数设置中，ISO 数值越（　　　），画面越纯净；数值越（　　　），噪点越多。

　　A. 低、高　　　　B. 低、低　　　　C. 高、低　　　　D. 高、高

4. （　　　）比传统三脚架更加方便灵活，在长期拍摄时，可以减轻疲劳感，也能很好地保持拍摄的稳定性。

　　A. 传统三脚架　　　　　　　　　　B. 八爪鱼三脚架

　　C. 单脚架　　　　　　　　　　　　D. 自拍杆

5. 如果想传输 iPhone 拍摄的视频文件，建议关掉"HDR 视频"选项，避免传输出现问题。（　　　）

　　A. √　　　　　　　　　　　　　　B. ×

6. 使用手持稳定器拍摄视频时，需要快速行走，并且一直盯着拍摄人物看。（　　　）

　　A. √　　　　　　　　　　　　　　B. ×

7. 相机的曝光格式选中手动曝光，可以有效防止拍摄的视频忽明忽暗。（　　　）

　　A. √　　　　　　　　　　　　　　B. ×

二、短视频剪辑工具

黄总监：学习完如何拍摄，再来介绍视频剪辑工具。

小白：视频剪辑需要使用什么工具呢？

黄总监：下面介绍电脑剪辑软件 Premiere 和手机剪辑软件剪映。

小白：好的，那么从何处开始学习呢？

课件

1. Adobe Premiere

黄总监：首先要认识界面功能，如图 4-8 所示。

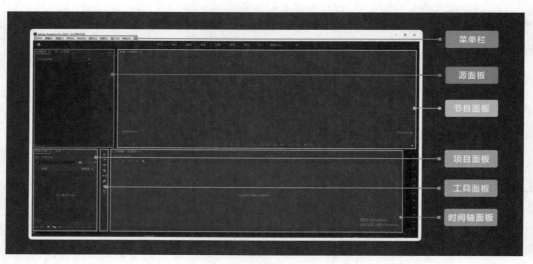

图 4-8　Premiere 界面

（1）新建项目。

步骤 1：单击"新建项目"选项，如图 4-9 所示。

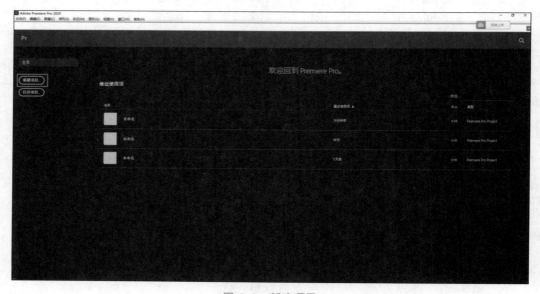

图 4-9　新建项目

步骤 2：输入项目名字后，单击"浏览"按钮，选择合适的位置，单击"确定"按钮，进入该项目，如图 4-10 所示。

（2）新建序列。

步骤 1：单击"新建"→"序列"选项，如图 4-11 所示。

步骤 2：对序列参数进行设置，本项目针对的是竖直短视频，如图 4-12 所示。

（3）导入素材。

步骤 1：双击 Premiere 素材管理面板的空白处，导入素材，选中素材后，单击"打开"按钮，导入素材，如图 4-13 所示。

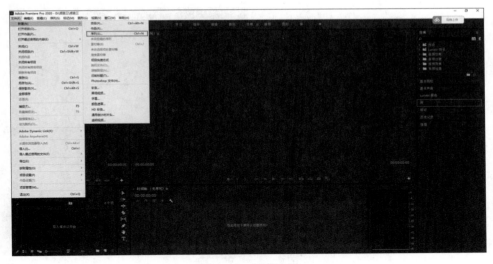

图 4-10 "新建项目"参数设置

图 4-11 新建序列

步骤 2：把素材导入 Premiere 的素材管理面板中，如图 4-14 所示。

（4）视频粗剪。

步骤 1：选择视频素材，拖拽到时间轴 V1 轨道上（注：撤销上一步快捷键为 Ctrl+Z）。

步骤 2：选中视频，单击"取消链接"选项，把素材的声音轨道与视频轨道进行脱离，选中声音轨道的音频后，单击鼠标右键，单击"清除"选项删除视频原来的音频（或者电脑自带的删除键 Del），如图 4-15 所示。

步骤 3：拖动长条到需要切断的地方，在工具面板选择中"剃刀"工具，点一下视

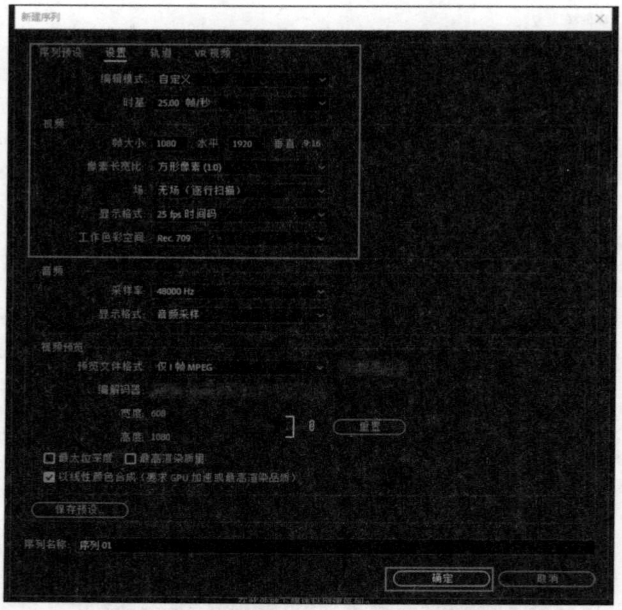

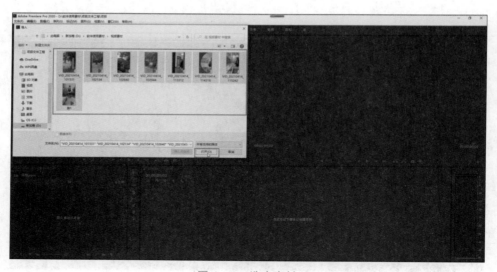

图 4-12　序列设置

图 4-13　选中素材

频长条位置，剪切视频。或者使用快捷键 Ctrl+K，直接在长条位置对视频进行剪切，如图 4-16 所示。

步骤 4：拖动视频的最左/右两边，控制视频长度（注：按住视频可在视频轨道随意拖动调整。伸缩视频在时间轴上的距离，可用 Alt+鼠标滚轮，不改变视频时间长度），如图 4-17 所示。

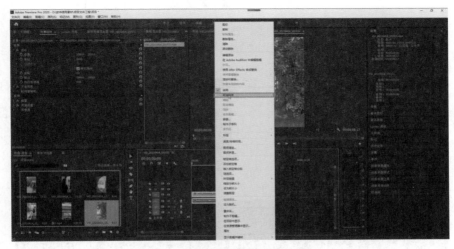

图 4-14 将素材导入 Premiere 素材管理面板

图 4-15 取消视频与音频链接

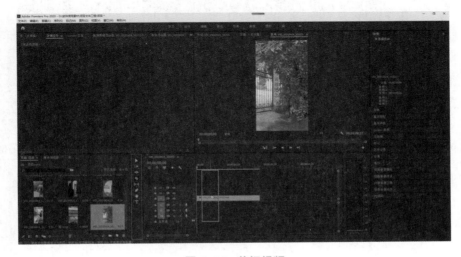

图 4-16 剪切视频

图 4-17　拖动视频

（5）音乐剪辑。

步骤 1：单击"文件"选项，选择"导入"，导入音乐素材，如图 4-18 所示。

图 4-18　导入音乐素材

步骤 2：剪辑音乐与剪辑视频类似，可以用"剃刀"工具进行剪辑。

步骤 3：在 Premiere 里选中音乐素材，单击"效果"按钮，如图 4-19 所示。

（6）视频精剪。

步骤 1：选中视频素材，单击"窗口"→"效果控件"选项，打开效果控件面板，如图 4-20 所示。

步骤 2：在效果面板里，通过需求对视频添加效果（注：音频效果精剪也是一样的步骤）。具体的效果如位置变化、大小变化、透明度变化等，如图 4-21 所示。

（7）添加字幕。

步骤 1：单击"新建"→"旧版标题"选项，新建标题（注：单击"新建"→"字幕"选项也可以添加字幕，可根据喜好设置），如图 4-22 所示。

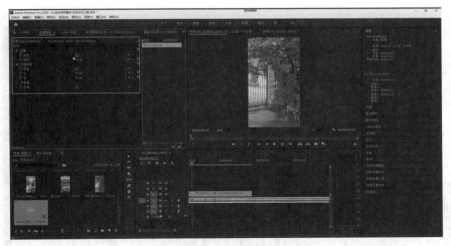

图 4-19　音乐效果

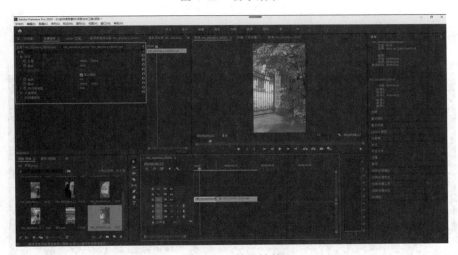

图 4-20　效果控件

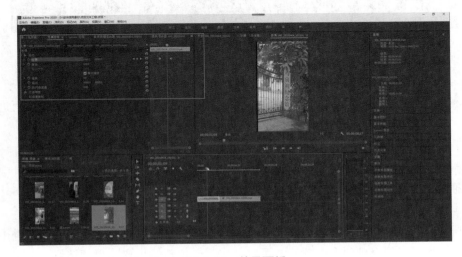

图 4-21　效果面板

图 4-22　打开旧版标题

步骤 2：单击视频，输入文字，可根据需求设置文字属性，如图 4-23 所示。

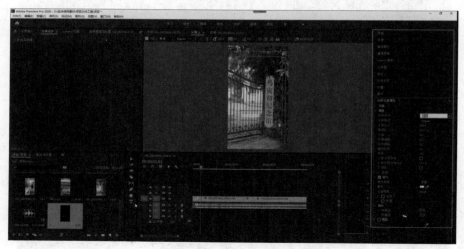

图 4-23　设置文字属性

（8）视频调色。

步骤 1：单击"新建"→"调整图形"选项（注：相当于新建一个图层，专门进行效果处理，更方便删除或者修改），如图 4-24 所示。

步骤 2：根据视频设置图层参数，单击"确定"按钮，如图 4-25 所示。

步骤 3：拖曳"调整图层"到 V3 轨道，选中"调整图层"，运用 Premiere 自带的"Lut"插件对其进行调色，如图 4-26 所示。

（9）视频转场。

步骤 1：打开 Premiere 的转场效果面板，单击"效果"→"视频过渡"选项，选中合适的视频过渡效果，拖曳到两个视频的中间处（注：音频转场步骤同视频转场），如图 4-27 所示。

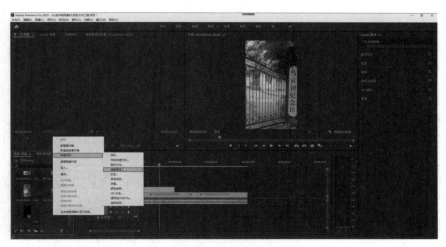

图 4-24　调整图形

图 4-25　设置图层参数

图 4-26　视频调色

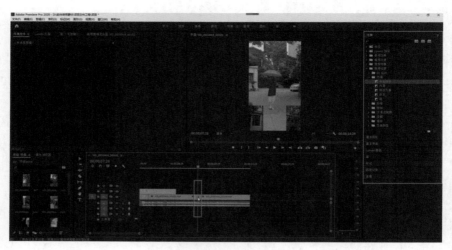

图 4-27　视频过渡

步骤 2：可以调整转场效果的设置，如图 4-28 所示。

图 4-28　转场效果设置

（10）导出视频。

步骤 1：单击"文件"→"导出"→"媒体"选项（或者用快捷键 Ctrl+M）导出，如图 4-29 所示。

步骤 2：设置导出参数，最后单击"导出"按钮，如图 4-30 所示。

2. 剪映

黄总监：首先大致介绍一下剪映界面，如图 4-31 所示。

其中，轨道时间线的时间刻度可放大/缩小，双指放在空白区域向外拉伸即可，如图 4-32 所示。

小白：有使用剪映软件的基础教程吗？

黄总监：可以去剪映软件上看"零基础剪辑入门视频"，如图 4-33 与图 4-34 所示。

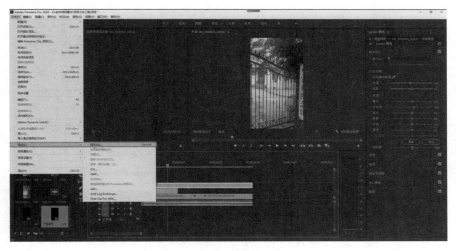

图 4-29　导出视频

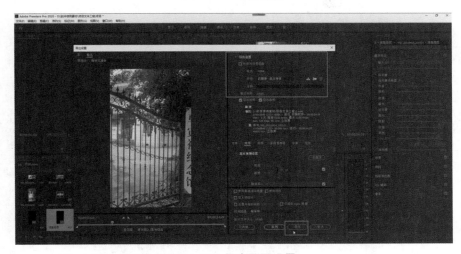

图 4-30　导出页面设置

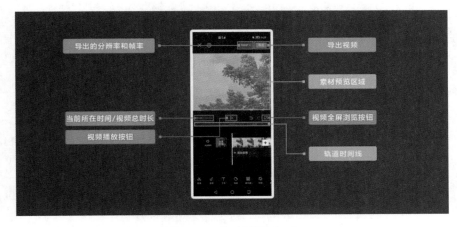

图 4-31　剪映界面（一）

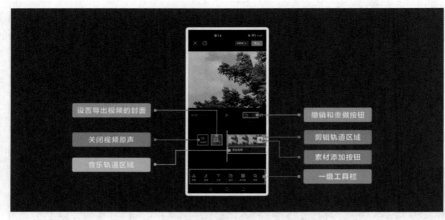

图4-32　剪映界面（二）

图4-33　"创作课堂"页面

图4-34　"剪辑入门"页面

小白：好的，我先看看。

黄总监：我把剪映基本操作放在下面的二维码里，可以扫描二维码，开始学习。

 知识园地

剪映基本操作技巧

小白：扫了二维码之后，内容很丰富，包括①开始创作；②导入素材；③设置视频格式；④视频粗剪；⑤添加音乐；⑥视频精剪；⑦字幕；⑧调色；⑨视频转场；⑩导出。

黄总监：总结得很到位，软件的功能不止这些，学了教程还要多运用，这样才能真正掌握剪映的使用方法。

拓展资源

项目四　4-2 短视频剪辑工具

同步自测

1. PR 软件中用（　　）工具，可以将素材切割开来，按住（　　）可以将音视频同时切割开。

A. 缩放、Shift+缩放　B. 手形、Shift+手形　C. 剃刀、Shift+剃刀　D. 钢笔、Shift+钢笔

2. （　　）是以各种字体、浮雕和动画等形式出现在荧屏上的中外文字的总称。

A. 素材　　　　　　　B. 转场　　　　　　　C. 特效　　　　　　　D. 字幕

3. 构成短视频的最小单位是（　　）。

A. 帧　　　　　　　　B. 秒　　　　　　　　C. 画面　　　　　　　D. 时基

4. 在 Premiere 中，下列选项不属于导入素材的方法的是（　　）。

A. 执行"文件""导入"或直接使用该菜单的快捷键（Ctrl+I）

B. 在项目窗口中的任意空白位置单击鼠标右键，在弹出的快捷菜单中选择"导入"菜单项

C. 直接在项目窗口中的空白处双击即可

D. 在浏览器中拖入素材

5. 在 Premiere 中，粘贴素材是以（　　）定位的。

A. 选择工具的位置　　　　　　　　　B. 编辑线

C. 入点　　　　　　　　　　　　　　D. 手形工具

6. 在 Premiere 中，音量表的方块显示为（　　）时，表示该音量超过界限。

A. 黄色　　　　　　　B. 红色　　　　　　　C. 绿色　　　　　　　D. 蓝色

7. 视频、文字和音乐是制作视频的三个基本要素（　　）。

A. √　　　　　　　　　　　　　　　　B. ×

三、短视频常用格式

黄总监：我们学习了剪辑软件后，接下来学习常见的短视频格式。

小白：我知道，主要有微软视频格式、MPEG 视频格式和 APPLE 视频格式这三大类，不过具体内容还是不了解。

黄总监：很不错，主动学习了，下面我来介绍一下。

课件

1. 微软视频格式

黄总监：微软视频格式主要有 WMV、ASF、ASX 三种。WMV 是微软推出的一系列视频编解码和其相关的视频编码格式的统称，其优点是支持本地或网络回放，很适合在网上播放和传输。AVI 是音频视频交错格式，特点是视频和音频同步播放。其主要优点是调用方便、图像质量好，缺点是文件体积大。AVI 常用于视频压缩与存储、电视台播放等相关领域。

ASF 的中文名是高级串流格式，是微软公司为 Windows98 所开发的串流多媒体文件格式，使用了 MPEG-4 的压缩算法，是一款压缩率和图像质量都不错的文件格式。其数据格式包含音频、视频以及控制命令脚本，适合在 IP 网上传输。ASF 具有本地或网络回放、可扩充的媒体类型等优点。

ASX 文件是微软流媒体格式的索引文件，是 WMP 的一种媒体导向文件，其实就是 ASF 格式，由于下载的方式不同，会被存为 ASX 格式。

2. MPEG 视频格式

黄总监：MPEG 视频格式，即运动图像专家组格式。该格式采用的压缩方法是有损压缩方法，从而减少运动图像中冗杂的信息。目前 MPEG 标准的有 MPEG-1、MPEG-2、MPEG-4，其中 MPEG-4 即 MP4，是现在视频播放与传播、视频文件格式转换与压缩的常见格式，常运用于移动端、电脑端以及摄像机领域。

3. APPLE 视频格式

黄总监：主要为 MOV 和 M4V 格式视频，MOV 即 QuickTime 封装格式，也叫影片格式，用于储存常用数字媒体类型。支持播放 MP3、MIDI，且具有较高的压缩比和较完美的视频清晰度，是一种优良的视频编码格式，也是现在手机、相机和摄像机常用的视频格式。

而 M4V 是一种应用于网络视频点播网站和移动手持设备的视频格式，也称作苹果视频 Podcast 格式，是 MP4 格式的一种特殊类型，其后缀常为 .mp4 或 .m4v。其视频编码采用 H264 或 H264/AVC，能够以更小的体积实现更高的清晰度。

4. 手机视频格式

黄总监：3GP 是第三代合作伙伴项目制定的一种多媒体标准，即一种 3G 流媒体的视频编码格式，为 3G 网络开发的，也是目前手机中最常用的视频格式，其优点是文件体积小、移动性强，是移动设备常用的视频格式，现在已经看不到了。

5. 格式工厂

小白：如果我需要更改文件格式，应该怎么办呢？

黄总监："格式工厂"这个软件可以进行格式转换。为了让你印象深刻，我给你讲解一下基础操作。

步骤 1：根据要转换成的文件格式，单击"MP4""MKV""AVI FLV MOV Etc…"三个按钮，如图 4-35 所示。

步骤 2：单击"添加文件"按钮，然后选择文件。

步骤 3：单击"输出配置"按钮，单击该框调换格式，然后单击"确定"按钮，文件开始转换，如图 4-36 所示。

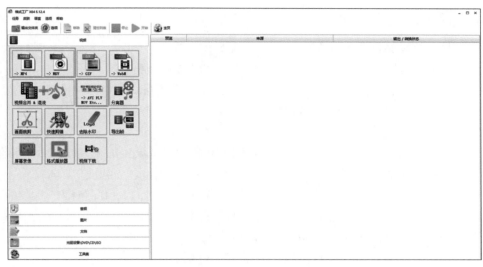

图 4-35　格式工厂

图 4-36　设置转换格式

项目四　4-3 短视频常用格式

同步自测

1. 常见的短视频格式可分为（　　）三大类。

A. 微软视频格式　　　　　　　　　　　B. MPEG 视频格式

C. APPLE 视频格式　　　　　　　　　　D. MP4 视频格式

2. 微软视频格式主要为 MOV 和 M4V 格式视频。（　　）

A. √　　　　　　　　　　　　　　　　B. ×

3. （　　）是一种应用于网络视频点播网站和移动手持设备的视频格式，也称作苹果视频 Podcast 格式。

A. WMV　　　　　　B. ASF　　　　　　C. ASX　　　　　　D. M4V

4. （　　）即 QuickTime 封装格式，也叫影片格式，用于储存常用数字媒体类型，支持播放 MP3、MIDI，且具有较高的压缩比和较完美的视频清晰度。

A. ASF　　　　　　B. MOV　　　　　　C. ASX　　　　　　D. M4V

5. 使用（　　）可以对视频文件的格式进行转换，且操作简单快捷。

A. QQ 音乐　　　　　B. 格式工厂　　　　C. 美图秀秀　　　　D. Xmind

6. 我们常见的 ".mp4" 格式属于 MPEG 视频格式，即运动图像专家组格式。目前 MPEG 标准的有 MPEG-1、MPEG-2、MPEG-4，其中 MPEG-4 即 MP4。（　　）

A. √　　　　　　　　　　　　　　　　B. ×

7. AVI 的中文名是高级串流格式，是微软公司为 Windows98 所开发的串流多媒体文件格式，使用了 MPEG-4 的压缩算法，是一款压缩率和图像质量都不错的文件格式。（　　）

A. √　　　　　　　　　　　　　　　　B. ×

四、声音后期工具

黄总监：最后我们来学习一下音频处理软件。

1. Adobe Audition

黄总监：首先来认识（Adobe Audition，以下简称 AU）界面的主要功能，如图 4-37 所示。

课件

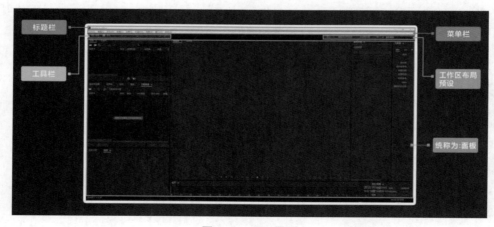

图 4-37　AU 界面

黄总监：AU 不需要建立项目，双击软件就可以进入，导入素材即为第一步。具体看下面的操作。

（1）导入素材。

步骤 1：导入素材：双击素材区，单击"导入…"按钮。

步骤 2：选择路径，选中素材，然后单击"打开"按钮导入素材，如图 4-38 所示。

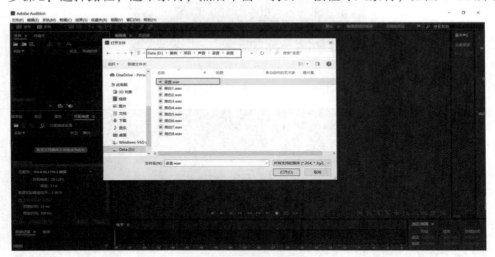

图 4-38　导入素材

（2）切断移动处理。

步骤 1：单击"新建"→"多轨会话"选项，如图 4-39 所示。

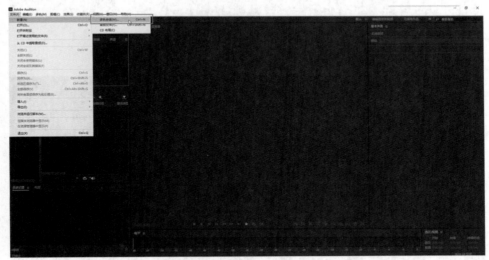

图 4-39　新建多轨会话

步骤 2：新建参数，更改名字和保存地址，如图 4-40 所示。

步骤 3：导入素材。按住音频，拖到"轨道 1"，如图 4-41 所示。

步骤 4：拖动长条到需要切断的地方，按住快捷键 Ctrl+K 进行快速切断，切断的音频可像视频一样进行拖曳（也可用切断工具 R 键进行切断），如图 4-42 所示。

图 4-40　设置参数

图 4-41　将音频拖到轨道 1

图 4-42　切断音频

（3）杂音处理。

步骤 1：选中需要降噪的部分，如图 4-43 所示。

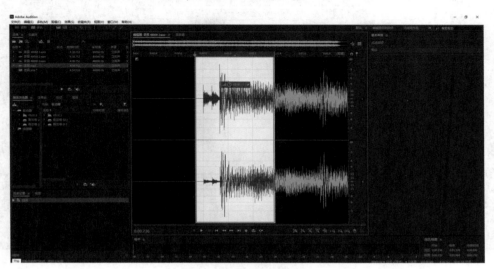

图 4-43 选中需降噪部分

步骤 2：单击"效果"→"降噪/恢复（N）"→"捕捉噪声样本"选项（或者按住快捷键 Shift+P 进行降噪），如图 4-44 所示。

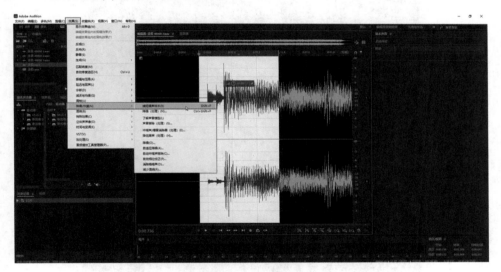

图 4-44 降噪处理

步骤 3：按住快捷键 Ctrl+A 全部选择，单击"效果"→"降噪/恢复（N）"→"降噪（处理）(N)"选项，进行降噪（或者使用快捷键 Ctrl+Shift+P），如图 4-45 所示。

步骤 4：对噪声进行适当调整，如图 4-46 所示。

步骤 5：将"录音"拖到"匹配响应度"。调整好降噪参数，如图 4-47 所示。

黄总监："效果"面板还有许多功能，具体细节可以观看哔哩哔哩 UP 主"立信老学长"的视频"特殊情况音频处理"，如图 4-48 所示。

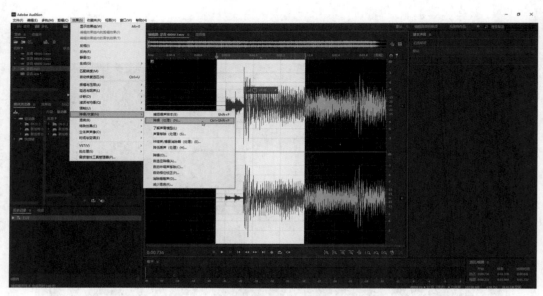

图 4-45　全选降噪

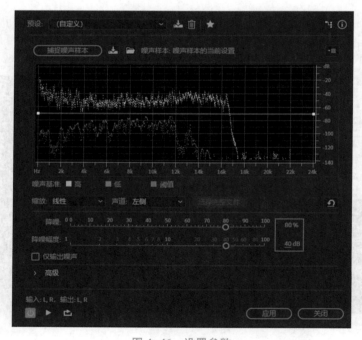

图 4-46　设置参数

小白：好的。

2. Sound Forge

黄总监：Sony Sound Forge 是为音乐人、音响编辑师、多媒体设计师、游戏音效设计师、音响工程师和其他一些需要做音乐或音效的人士开发的一款软件。因为我们很少用到它，所以这里不做过多的介绍，你可以利用闲暇时间来熟悉这个软件。

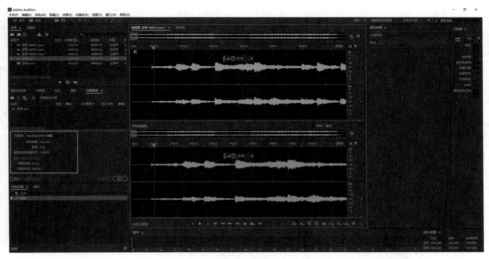

图 4-47　调整参数

图 4-48　"立信老学长"哔哩哔哩主页

小白：好的，多学一些肯定是对的。

拓展资源

项目四　4-4 声音后期工具

1. 以下属于音频处理软件的是（　　　）。

A. Adobe Photoshop   B. Adobe Audition

C. Adobe Illustrator   D. Adobe LightRoom

2. 以下选项不属于 Audition 工作界面组成部分的是（　　　）。

A. 图层   B. 媒体浏览器

C. 收藏夹面板   D. 多轨编辑器

3. 在 Audition 中打开文件的方式是（　　　）。

A. 在菜单栏中选择 "文件">"打开"

B. 在菜单栏中选择 "文件">"打开并附加"

C. 在菜单栏中选择 "文件">"打开最近使用的文件"

D. 以上选项都正确

4. 如果你需要频繁使用某几步操作，此时你可以利用（　　　）面板更加方便快捷地操作。

A. 收藏夹   B. 工具   C. 媒体浏览器   D. 文件

5. 可以完成导航的方式是（　　　）。

A. 通过缩放进行导航   B. 通过工具面板进行导航

C. 通过传输进行导航   D. 通过媒体浏览器进行导航

6. 以下关于标记导航的选项错误的是（　　　）。

A. 单击波形中需要标记的位置，然后单击 "添加提示标记" 按钮，添加标记

B. 单击波形中需要标记的位置，按 M 键添加标记

C. 选中一段波形，然后单击 "添加提示标记" 按钮，添加标记

D. 选中一段波形，按 W 键添加标记

7. 在编辑文件时想撤销单个步骤可以单击 "编辑"→"撤销" 选项，或按 Ctrl+Z 组合键，但在 Flash 中撤销多个步骤，最好的方法就是使用（　　　）。

A. "历史记录" 面板   B. "工具" 面板

C. 菜单栏   D. "文件" 面板

近年来，我国政府一直致力于促进电子商务和创新科技的发展，短视频带货正是在这样的政策背景下崛起的。短视频带货促进消费升级、创业就业、产业升级和监管规范的完善。它对推动经济发展和提升消费者体验具有积极的作用。

黄总监为小白讲解了这么多，想考一下小白，让小白策划并制作一个网购商品宣传短视频。

黄总监：小白，首先你要构思整个短视频的拍摄内容，并写出创意策划。

1. 网购商品宣传短视频的构思策划

女包短视频创意说明如下：

本片以商品展示为主，搭配两个日常使用场景，全方位展示本款女包的卖点及细节，吸引消费者购买。

场景 1：以通勤办公场所为背景，A 不小心将办公桌上的水杯碰翻，水泼到包上，A 不紧不慢地用卫生纸擦干水，包毫发无损，展示本款女包防水的卖点。

场景 2：下班时，A 将桌面上的口红、手机、手帕纸等物品都收纳到包里，展示本款包包小身材、大容量的特点。

综合展示经典花纹、加宽背带，碰撞出别致的优雅美学，呈现给观众摩登新意的视觉感。

黄总监：很不错，接下来根据策划内容设计项目分镜。

2. 项目分镜设计

分镜头脚本如表 4-1 所示。

表 4-1　分镜头脚本

序号	旁白	景别	摄影机运动	镜头内容
1	上班通勤百搭小挎包	全景	固定	A 背着包走到办公桌前坐下
2	加宽背带，不硌肩膀	中景	固定	展示包的加宽背带、调节扣
3	复刻老花 Logo 经典永不过时	特写	固定	将包放在办公桌上，全方位展示包的外形
4		近景	固定	A 打翻水杯，水泼到包上
5	防水材质	特写	固定	A 用卫生纸擦干水，包毫发无损
6	贴心隔层	特写	固定	展示包的内里构造
7	小身材、大容量	近景	固定	将手机、口红、手帕纸装到包里
8	精选优质五金	特写	固定	展示包的五金扣子
9	百变背法	中景	固定	A 手托展示，拆下背带可作为手拿包

黄总监：设计完分镜之后要进行短视频原始素材的拍摄，采用竖屏拍摄，分辨率最好为 1 080 像素×1 920 像素。

3. 拍摄短视频素材

原始拍摄素材见二维码。

素材

黄总监：最后将拍摄的原始素材利用 Premiere 软件进行剪辑与特效合成，这样就完成制作了。

4. 短视频的剪辑与特效合成

步骤 1：新建项目，如图 4-49 所示。

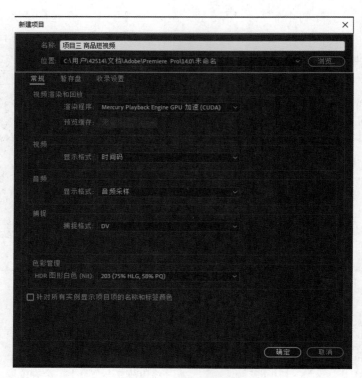

新建项目

图 4-49　新建工程文件

步骤 2：新建序列，如图 4-50 所示。

新建序列、添加视频

图 4-50　新建序列

步骤 3：添加视频素材与音频素材进行剪辑，如图 4-51 所示。

添加背景音乐、
修剪视频

图 4-51　导入素材并剪辑

步骤 4：添加转场效果，如图 4-52 所示。

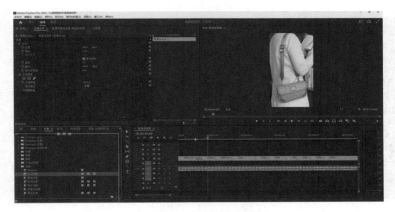

添加转场效果

图 4-52　加入转场效果

步骤 5：品牌 Logo 展示，如图 4-53 所示。

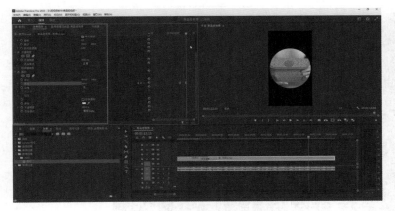

品牌 Logo 展示

图 4-53　加入 Logo 展示

步骤 6：添加文字效果，如图 4-54 所示。

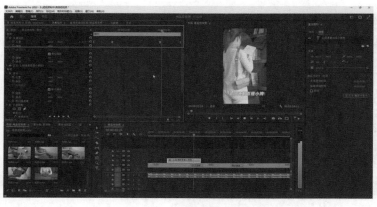

添加文字动画效果

图 4-54　添加文字效果

步骤 7：对视频进行调色，如图 4-55 所示。

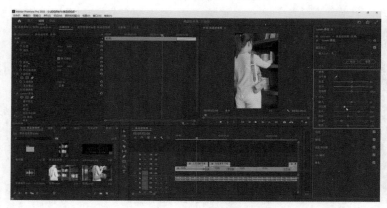

视频调色

图 4-55　调色

步骤 8：输出作品，如图 4-56 所示。

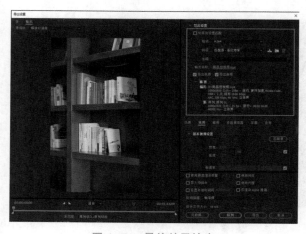

图 4-56　最终效果输出

5. 最终作品

项目四　女包产品短视频

拓展任务

制作一款商品短视频广告

1. 背景

在乡村振兴战略背景下，帮农户拓销路、找市场，做好产销对接，拓宽销售渠道，通过以销促产方式带动乡村发展是大家公认的一条路径。当前，短视频带货是以销促产最有力的抓手，有着巨大的发展潜力。

黄总监：素有"可吸果冻"之称的爱媛橙往年销路很好，今年因为受天气影响，加之农村青年外出务工很多家庭缺少劳动力，导致上千亩的成果滞销严重，愁坏了果农，也急坏了政府。当地果农想到了在网上销售橙子，当下最流行、最畅销的带货方式就是短视频带货。

小白：短视频带货是个很好的办法啊！快让当地果农行动起来。

黄总监：果农们没有接触过这种新形式，既不会拍摄，又不会剪辑，只能干着急。小白，你刚刚学习了这么多，愿意帮助他们吗？

小白：当然愿意！我该怎么做呢？

2. 任务内容

黄总监：以爱媛橙、助农等内容为主题，帮助果农一起制作短视频，主要包括以下几个步骤。

（1）爱媛橙宣传短视频的构思策划。

（2）爱媛橙项目分镜设计。

（3）拍摄爱媛橙原始素材。

（4）爱媛橙短视频的剪辑与特效合成。

小白：好的！我马上就行动起来。

3. 任务安排

本任务是一个团队任务，要求成员运用以上讲解过的知识分工协作完成，时间为7天，完成后上交"商品拍摄分镜头脚本"与"商品广告最终成片"，并做好交流的准备。

素养提升

短视频营销市场规模 2021 年已经达到 2 916.34 亿元，预计 2021—2023 年市场复合增长率可达 34.6%，高于网络广告大盘 12.36% 的增速。与传统广告相比，短视频信息流广告制作成本更低、离消费者更近，但也因监管措施尚未完善，导致虚假宣传、打擦边球等问题泛滥。这背后，更有不少人瞄准了平台监管的灰色地带，由此衍生出一条"专业"的造假产业链。

不少人都在短视频平台中看到过类似的产品宣传：一口背面附着厚厚污垢的锅，倒上某款厨房清洗剂后，污垢迅速融化，清水冲洗、抹布擦干后，原来充满油污的锅和新锅毫无异样。这类视频往往会将产品的某一种功能展现到极致，很容易让消费者动心，但实际效果很可能大打折扣。事实上，在视频剪辑技术十分发达的当下，"眼见"早已不一定"为实"。信息流广告背后有一个十分庞大的造假产业链，广告代理商会用特效、剪辑等方式达到广告主想要的宣传效果。

《中华人民共和国广告法》第四条规定："广告不得含有虚假的内容，不得欺骗和误导消费者。"上述所讲的内容，无疑属于虚假内容。

如果网红主播对其推荐的广告商品或广告商品的相关标准缺乏了解，则网红主播发布的短视频商业广告可能构成虚假广告。

《中华人民共和国广告法》第二十八条以列举的方式罗列了虚假广告的情形，包括：

（1）商品或者服务不存在的。

（2）商品的性能、功能、产地、用途、质量、规格、成分、价格、生产者、有效期限、销售状况、曾获荣誉等信息，或者服务的内容、提供者、形式、质量、价格、销售状况、曾获荣誉等信息，以及与商品或者服务有关的允诺等信息与实际情况不符，对购买行为有实质性影响的。

（3）使用虚构、伪造或者无法验证的科研成果、统计资料、调查结果、文摘、引用语等信息作为证明材料的。

（4）虚构使用商品或者接受服务的效果的。

（5）以虚假或者引人误解的内容欺骗、误导消费者的其他情形。

在发布短视频商业广告前，应自行检查或寻求专业人士的帮助，确保发布的短视频商业广告遵守相关法律法规、规范或其他适用的约束性文件（例如，《中华人民共和国广告法》《网络短视频内容审核标准细则》《短视频平台用户使用协议》等），同时也应对广告商品的说明书或预包装上的相关产品信息、产品适用标准进行适度了解，这样才能防范风险。

 思维导图

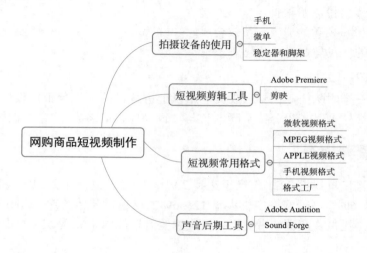

课程测试

1. 单选题

（1）Premiere 中效果控制窗口不用于控制素材的（　　）。

A. 运动　　　　　　B. 透明　　　　　　C. 切换　　　　　　D. 剪辑

（2）PR 在默认的情况下，为素材设定入点、出点的快捷键是（　　）。

A. I 和 O　　　　　B. R 和 C　　　　　C. <和>　　　　　D. +和-

（3）透明度的参数越高，透明度（　　）。

A. 越透明　　　　　B. 越不透明　　　　C. 与参数无关　　D. 越低

（4）黄种人使用（　　）背景录制比较容易抠像。

A. 红色　　　　　　B. 绿色　　　　　　C. 蓝色　　　　　　D. 单色

（5）为音频轨道中的音频素材添加效果后，素材上会出现一条线，其颜色是（　　）。

A. 黄色　　　　　　B. 白色　　　　　　C. 绿色　　　　　　D. 蓝色

2. 多选题

（1）对于音频文件可以进行（　　）等操作。

A. 剪切　　　　　　B. 复制　　　　　　C. 粘贴　　　　　　D. 静音

（2）在 PR 的监视器窗口可以显示的信息有（　　）。

A. 素材的 Alpha 通道　　　　　　　　B. 音频素材的音频波形图

C. 带有音频的视频素材的音频波形图　D. 可以显示标记安全区域

（3）Audition 中选择"编辑>混合粘贴"，可选择（　　）粘贴类型。

A. 重叠　　　　　　B. 插入　　　　　　C. 覆盖　　　　　　D. 调制

3. 判断题

（1）在 Audition 中，选中区域后，会自动出现平视显示器（HUD）。（　　）

（2）在 Premiere 中使用图像蒙版时，蒙版中的白色产生遮挡效果。（　　）

（3）在 Premiere 中调整滤镜效果使用的是项目窗口。（　　）

（4）如果想要精准地确定编辑区域的开头与结尾进行复制，可使用标记。（　　）

（5）在 Premiere 中镜头切换是指前一个镜头的最后一个画面结束，后一个镜头的第一个画面开始的过程。（　　）

4. 简答题

（1）简述在 PR、剪映中制作视频字幕的方法。

（2）简述使用 AU 软件消除噪声的步骤。

（3）简述 Adobe Premiere 制作基本流程及各阶段的主要工作。

综合实训

1. 实训目标

根据前面所学的内容，为你最喜欢的零食制作一个短视频广告。

2. 实训内容

（1）策划一条主题为"我最喜欢的零食"的短视频。

（2）运用自己拥有的拍摄器材，如手机、相机等，拍摄构思好的短视频广告。

（3）学习并利用相关的制作软件完成短视频的后期制作。

3. 实训要求

（1）短视频广告，要求时长 30 秒，分辨率 1 080 像素×1 920 像素，25 帧；要有背景音乐；要有文案设计。

（2）在制作的过程中查漏补缺，学习自己不擅长的拍摄、剪辑等技能。

（3）将制作好的短视频与同学们分享交流，分析短视频可能存在的不足之处。

项目五　美食探店短视频制作

　　黄总监：小白，我看了你制作的零食短视频，非常不错！

　　小白：谢谢夸奖。

　　黄总监：你已经学会了最基础的拍摄和剪辑，接下来我们将难度提升一下：首先要掌握拍摄过程中构图的知识；其次在拍摄时要学会合理运用光线，学习各种角度的拍摄技巧；最后要了解各种拍摄设备的使用方法，并且挑选出适合自己风格的拍摄设备。

　　小白：听起来好难啊！我能学会吗？

　　黄总监：可以的，只要你肯脚踏实地地学习，再加上我和李导演、王摄像的指导，很快就能掌握。

　　探店短视频现在很受欢迎，你在平台上有关注过探店短视频吗？

　　小白：探店，我也很喜欢。现在平台流量对这种类型也很支持。

　　黄总监：认真学习完这次的内容，并将其融入拍摄和剪辑中，你也可以制作出更加精美的探店短视频。

　　小白：真的吗？我已经迫不及待了，黄总监，快开始教我吧！

知识准备

一、短视频中的构图

小白：黄总监，可以跟我介绍一下构图的相关内容吗？

黄总监：好的，我们首先要了解为什么要构图。构图是指拍摄时根据主题思想，把被拍摄主体适当地组织起来，构成一个和谐的、完整的画面，使客观对象比现实生活更富有表现力和艺术感染力，更充分更好地揭示一定的内容。

课件

构图常用于视频与静态图像的拍摄，良好的构图是拍摄的基础。简洁、多样、统一、均衡是构图的基本要求。具体来说，画面结构要突出主体，突出需要表达的内容，忽略次要的部分，用陪体和背景恰当衬托，使画面既不杂乱又不单调。构图中坚决反对不加选择、不分主次、脱离实际内容的形式主义倾向。

小白：明白，那在短视频拍摄中具体怎么应用呢？

（一）构图在短视频中的运用

1. 合理安排画面空间

在短视频的创作中，合理安排好画面的空间是短视频拍摄构图的基础，也是一切优秀短视频作品的开端。短视频创作者无论拍摄什么样的题材，都需要在构图时规划空间关系，让画面中的元素更符合人们的视觉习惯。我们可以参考抖音账号"摄影好难"，如图5-1所示。

2. 突出画面中典型的人和物

一个优秀的短视频画面内容不是空洞的，它是由视觉元素构成的。在拍摄短视频画面时，要合理安排主体、陪体之间的关系，为了防止视频画面混乱和拍摄主题表现不佳，创作者可以通过合理的构图来区分主次，简单明了的图片才更适合观赏。处理好前景、背景的关系，这样可以使画面有更丰富的内容和更强的层次感。在实际构图时，短视频的创作者可以运用多种构图方法进行工作。抖音账号"摄影志先森上海"中一条视频将人物作为突出主体，给人的视觉冲击力很强，如图5-2所示。

3. 突出短视频作品的主题思想

摄影创作重要的不是你拍摄了什么，而是观者通过图像领悟到了什么。摄影构图要求摄影者能够以最佳的形式表现主题思想和审美情感。在写实的基础上，通过构图的手法，让作品比现实生活更完善、更强烈、更完整，从而

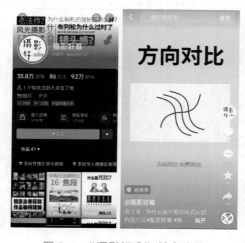

图5-1 "摄影好难"抖音账号

突出作品的艺术效果。在摄影构图的过程中，写意是在写实的基础上，深化作品意境，表现更为浓烈的画面氛围，突出作品的主题思想。抖音账号"NB摄影后期（百亿映画）"中一条视频展现了人物拍摄与特效的结合，如图5-3所示。

图5-2　"摄影志先森上海"抖音账号　　图5-3　"NB摄影后期（百亿映画）"抖音账号

黄总监：除了这三点，还有一些拍摄过程中的小技巧要传授给你。

小白：我已经迫不及待想知道了。

（二）短视频中构图的技巧

1. 画面抖动模糊是大忌

模糊的视频会给人们带来非常差的视觉感受，通常很难持续观看视频，那么如何解决这个问题呢？首先我们可以利用专业的设备来拍摄，如三脚架、稳定器等。一般会根据需求配备一两个。在拍摄过程中，摄影师的动作和姿势也很重要，要避免大幅度的调整。比如拍摄时，需要减少上半身的移动量，用下半身慢慢移动。走路时，要保持上半身稳定。当镜头需要旋转时，需要以上半身为旋转轴，尽量保持双手关节不动进行拍摄。

2. 懂得运镜很重要

视频的转换效果很重要，不能用一个焦距和姿势拍全过程。可以使用推、拉、跟、转等拍摄方法。定点拍摄时，也要注意相机的全景、中景、近景、特写拍摄，从而实现整个画面的变化，避免单调枯燥。

3. 注意光线的合理运用

众所周知，光线用得好，无论是视频还是照片的最终效果都会提升很多。在拍摄中，适当运用顺光、逆光、侧逆光、散射光等，能够突出表现物体与人物。同时要保证视频的清晰度，当拍摄光线不足时，可以用照明灯来弥补。

4. 优秀的后期制作能事半功倍

拍摄完视频素材后，需要进行后期编辑，比如基础的画面转换、字幕、背景音乐、特效等。后期制作也需要主题明确，思路清晰。同时在剪辑过程中可以加入转场效果、蒙太奇效果、多画面制作调整等，但要注意不要过度使用。合理的特效很酷，过度使用只会令人眼花缭乱。

5. 懂得控制视频时长

短视频的时长通常控制在 60 秒以内，大部分会在 20~60 秒。对观众来说，通常在 30 秒后，大家的视觉感知开始下降，同时视频会对播放速率产生影响，所以最好将拍摄时间控制在 60 秒以内。

小白：了解了，一般有哪些常用的构图形式呢？

黄总监：大概有以下这几种。

（三）常用短视频构图形式

1. 水平线构图

水平线构图是一种最基本的构图方法，如图 5-4 所示。画面沿水平线条分布，会传达出一种稳定、和谐、宽广的感觉。水平线构图在短视频拍摄中较为常用，例如，草原、平静的水面等。

2. 垂直线构图

垂直线构图是沿垂直线条来进行构图，凸显被摄主体具有一定的高度，如图 5-5 所示。使用垂直线构图能表现出一种垂直向上的张力，给人纵深感，非常适合竖屏短视频。

图 5-4　水平线构图　　　　　　　　　图 5-5　垂直线构图

3. 九宫格构图

九宫格构图是短视频拍摄中一种比较重要的构图方法，如图 5-6 所示。不仅是视频，我们在拍照时也经常使用这种方法。九宫格构图法将通过横向两条、纵向两条共四条分割线将画面按照黄金比例分割。使用九宫格构图法拍摄出来的画面符合观众的视觉审美，画面具有美感。

4. 对角线构图

对角线构图是被摄主体沿画面对角线分布，如图 5-7 所示。与水平线构图相反，对角线构图给人一种强烈的动感。使用对角线构图具有很强的视觉冲击力。在短视频拍摄中，对角线构图一般用在特定的场景当中。

5. 中心式构图

中心式构图就是将被摄对象放在画面中心，突出被摄对象的主体地位，如图 5-8 所示。使用中心式构图会使整个画面主体突出。中心式构图能让人一眼看到画面中的重点，将注意力集中在被拍摄对象上，在使用中心式构图时要尽量保持背景干净、整洁。

图 5-6　九宫格构图　　　　　　　　图 5-7　对角线构图

6. 对称式构图

对称式构图是按照某一对称轴或对称中心，使画面内容沿对称轴和中心对称，如图 5-9 所示。这种构图手法给人一种沉稳、安逸的感觉。对称式构图适合用慢节奏的镜头去表现，通常用来拍摄人文景观。

图 5-8　中心式构图　　　　　　　　图 5-9　对称式构图

7. 框架式构图

在拍摄短视频中，选取框架进行构图是我们常说的框架式构图，如图 5-10 所示。选取门框、树杈、窗户等框架式前景，能将观众的视线引向框架内的景象，营造一种神秘的氛围。

8. 前景构图

前景构图是利用被拍摄主体前面的景物来进行构图的一种拍摄方式，如图 5-11 所示。前景构图能够增加画面的层次感、纵深感，不仅能够丰富画面内容，还能更好地展现被拍摄主体。

图 5-10　框架式构图　　　　　　　　图 5-11　前景构图

拓展资源

项目五　5-1 短视频中的构图

同步自测

1. 构图是指拍摄时根据主题思想，把被拍摄主体适当地组织起来，构成一个和谐的、完整的画面。（　　）

A. √　　　　　　　　　　　　　　　B. ×

2. 以下属于拍摄过程中的构图小技巧的是（　　　）。

A. 画面抖动模糊是大忌　　　　　　　B. 注意光线的合理运用

C. 懂得控制视频时长　　　　　　　　D. 懂得运镜很重要

3. （　　）是指画面沿水平线条分布，传达出一种稳定、和谐、宽广的感觉，适用于拍摄草原、湖面等自然风景。

A. 垂直线构图　　　B. 九宫格构图　　　C. 对角线构图　　　D. 水平线构图

4. （　　）能表现出一种垂直向上的张力，给人纵深感，非常适合竖屏短视频。

A. 中心式构图　　　B. 对角线构图　　　C. 垂直线构图　　　D. 对称式构图

5. （　　）通过横向两条、纵向两条共四条分割线将画面按照黄金比例分割。

A. 框架式构图　　　B. 九宫格构图　　　C. 前景构图　　　D. 水平线构图

6. （　　）主体沿画面对角线分布，给人一种强烈的动感，常用来拍摄运动的物体，例如正在运行的列车。

A. 对角线构图　　　B. 垂直线构图　　　C. 水平线构图　　　D. 框架式构图

7. （　　）选取门框、树杈、窗户等前景，将观众的视线引向框架内的景象，营造一种神秘的氛围。

A. 水平线构图　　　B. 前景构图　　　C. 框架式构图　　　D. 对称式构图

二、短视频中光的运用

黄总监：除了构图之外，光的运用也非常重要，接下来给你讲讲短视频中光的运用，先从光的基本性质来说。

小白：好的，光有什么基本性质呢？

（一）光的基本性质

课件

1. 硬光

硬光来自许多自然光源的直接照射，如图 5-12 所示。硬光的特点是光线方向明确，亮度强，有明显的影子。

（1）硬光的优点：硬光具有鲜明的造型性能。它可显示出被拍摄物体的线条和表面特征，勾画出它们的轮廓，质感明显。硬光能产生清晰的影子，故常常用来揭示环境气氛、表达时间等。其最大优点就是便于控制。只要在灯前加挡光板，就可将光束遮挡住，控制其照射范围，改变光束形状。

图 5-12　硬光

（2）硬光的缺点：由于硬光能造成清晰的影子，当多个硬光灯从不同方向、角度照射时，会产生杂乱的影子，从而使画面显得不干净，分散观众的注意力和失去真实感。

2. 软光

软光的特点是光线方向不明显，亮度弱，影子的边缘模糊，它是一种无阴影的照明，如图 5-13 所示。

（1）软光的优点：在视频宣传片拍摄中软光主要用作基本光和辅助光。它能隐没物体的表面结构，揭示阴暗面的细部，打造一种细腻的柔和色调的画面效果。

（2）软光的缺点：软光不易控制。因此，用软光照射被拍摄对象时，容易散射到邻近的区域。软光比硬光射程近，它的有效强度随着被摄对象与光源的距离的增加而迅速衰减。

3. 混合光线

既具有硬光性质又具有软光性质的光被称为混合光线。日常生活中实际存在的光线经常是直射光和反射光的混合，如图 5-14 所示。

图 5-13　棚的软光

图 5-14　混合光线

黄总监：再来具体说一下光的各种表现形式。

小白：光的表现形式有哪些呢？

（二）光的表现形式

光线在视频的拍摄过程中起到了独特的作用，正确地理解和运用光线的变化是很重要的步骤。对光与影不同程度的组合使用，可以充分表达出创作者的思维与感觉，形成精彩绚丽的视频效果，展现出视频独特的魅力，制作出优秀并且受到众人认同的视频作品。

不同的拍摄主题以及不同的场景，需要不同的用光方法。一名优秀的创作者需要理解拍摄中光的基本性质和表现形式，并且灵活地运用它们，而不是死记硬背。

视频拍摄中的光线可以来自以被拍摄主体为球心的三维空间中的任意方向，我们通常可以把它分为顺光、逆光、侧光、前侧光、侧逆光、顶光、底光。在自然光条件下，太阳作为主要光源，太阳的高度与被拍摄主体之间形成的角度决定光的位置。

1. 顺光

顺光是指光源方向与拍摄方向一致。在顺光环境下被拍摄主体由于光线的作用，顺光的一面被照亮，并且没有阴影，顺光的主体部分等细节特征会表现得很明显。而不顺光的环境下，被拍摄主体的部分会产生阴影。通常在拍摄自然风景、人物的旅游风景照时，我们会考虑用顺光，如图 5-15 所示。

图 5-15　顺光

顺光拍摄有优点，同时也有不足。一般使用顺光拍摄时，被拍摄主体由于没有明显的光影的明暗变化，从而缺乏层次感，显得太过平淡。特别是在拍摄人物肖像或艺术创作时，我们一般不考虑顺光拍摄。

2. 逆光

逆光是指光线的方向与镜头的方向是相反的，光线来自被拍摄主体的背面。在逆光环境下，由于被拍摄主体的正面没有受到光照，基本处于完全阴影的状态，与被拍摄主体形成很明显的对比。逆光环境下进行拍摄，主体很容易由于曝光不足，不能显示出主体的细节特征部分，如图 5-16 所示。

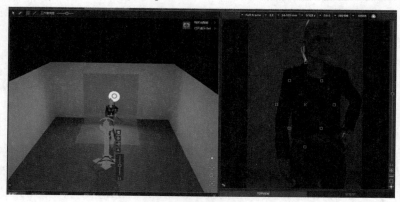

图 5-16　逆光

逆光虽然有许多不足之处，但是我们如果拍摄类似于剪影的效果时，就要使用逆光。通常我们把测光区放在亮部区域，降低被拍摄主体的亮度，然后拍摄出剪影的效果。

3. 侧光

侧光是指光线来源于被拍摄主体的左侧或右侧，并且光线的方向与镜头方向成90°左右。在侧光环境下，被拍摄主体可以产生左右明显的明暗对比效果，被拍摄主体的受光面会显示得非常清楚，能展现出更多的细节与特点。而另一个侧面则与之相反，在镜头画面中会出现侧面的阴影。在侧面光的环境下，可以更好地表现人物特殊的意境，使被拍摄主体的画面表现更立体、更有层次感，如图5-17所示。

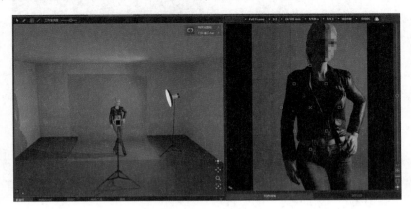

图 5-17　侧光

4. 前侧光

前侧光是指光线来源于被拍摄主体的左边或右边，光线的方向与镜头的方向之间的夹角为45°。在前侧光的环境下，被拍摄主体靠近光源的部分，显示明亮，背光部分产生阴影。前侧光符合我们平时的习惯，前侧光适合人物以及商品的拍摄。在前侧光的拍摄环境下，被拍摄主体的受光面可以更好地展现出色彩、形态等细节特征，而背光面展现出的阴影则更有层次，不会像逆光产生的阴影那么生硬，如图5-18所示。

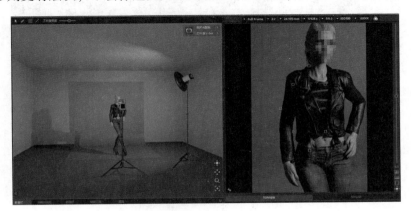

图 5-18　前侧光

5. 侧逆光

侧逆光是指光线的来源方向是从被拍摄主体的背后的侧边，并且光线方向与镜头方向成 120°~150°。在侧逆光环境下，被拍摄主体只有侧后方的一小部分是亮的，背光部分占了绝大部分，但是在这样的环境下，被拍摄主体的轮廓在镜头画面中反而表现得很出色，我们通常会使用侧逆光形成轮廓光，来拍摄人物造型，如图 5-19 所示。

图 5-19　侧逆光

侧逆光拍摄的视频，由于被拍摄主体只有后侧方小部分受光面，因此镜头画面中的明暗对比不会像逆光那么明显，被照亮的区域还是可以展现出细节与特征的。运用侧逆光可以使画面表现得更有层次感、更有意境。

6. 顶光

顶光是指光线来源于被拍摄主体的顶部。光线方向与镜头的方向垂直。在顶光环境下，被拍摄主体的顶部被照亮，被照亮的部分可以展现出细节以及特征，而其他部分在阴影中。顶光通常使用的较少，但在一些特定的环境下也会用到，比如制造紧张气氛时就会使用这种顶光，如图 5-20 所示。

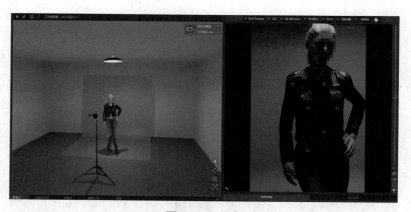

图 5-20　顶光

7. 底光

底光是指光线来源于被拍摄主体的底部。光线方向与镜头的方向垂直。在底光环境下，被拍摄主体的底部被照亮，而其他部分则是阴影。底光环境会带给人神秘、阴森的感觉。底光在影视剧以及视频创作作品中使用得比较多。

黄总监：光的表现形式说完了，接下来再说说布光的设备吧。

小白：布光设备有什么呢？

（三）布光设备

黄总监：布光设备分为配件与灯具。首先来说一下配件。其主要作用是辅助灯具进行拍摄，并且不能单独使用。主要有柔光箱、柔光伞、反光伞、反光板、雷达罩、蜂巢、束光筒等。

小白：布光的配件真的很多啊。每一件都有自己的作用。

黄总监：继续来讲灯具，我们团队用得最多也最为熟悉的灯具主要有机顶闪、外拍灯、LED 灯与室内影棚灯等，我把一些细节的内容都整理好放在下面了，扫二维码就能学习。

 知识园地

布光设备介绍

小白：我终于明白了拍出优秀的作品布光太重要了，用到了好多的知识与设备啊，黄总监您平时都采用什么布光方法呢？

黄总监：那我跟你说一下常用的三点布光吧。

（四）三点布光法

1. 三点布光的概念

三点布光，又称为区域照明，一般用于较小范围的场景照明。如果场景很大，可以把它拆分成若干个较小的区域进行布光。一般有三盏灯即可，分别为主体光、辅助光与轮廓光，如图 5-21 所示。

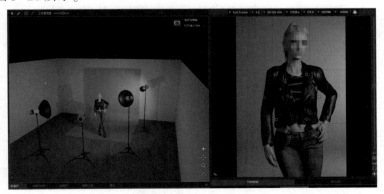

图 5-21　三点布光

2. 三点布光的原理

三点布光的原理包括以下三个关键要素。

（1）主光源（Key Light）：主光源是三点布光中最重要的光源，通常是最明亮的光源。它的位置和角度决定了照明的主要方向和强度。主光源通常放置在被拍摄主体的一侧，倾斜的角度可以产生阴影和高光效果，增强物体的形状和纹理。

（2）填充光（Fill Light）：填充光用于填补主光源造成的阴影部分，以减轻阴影的对比度，使照片或场景看起来更加平衡和自然。填充光通常放置在主光源的相对侧面，角度较浅，强度较弱。它的作用是柔和主光源的阴影，使阴影部分变得明亮而不失细节。

（3）背景光（Back Light）：背景光位于被拍摄主体的背后，用于营造景深效果和增加物体与背景的分离感。背景光的强度通常较弱，但足以照亮被拍摄对象的轮廓。它可以是一个点光源或一个面光源，用于创造出背景中的光晕或光斑效果，增加照片的层次感。

3. 三点布光的技巧

（1）控制光源强度。根据场景和拍摄需求，调整主光源、填充光和背景光的强度。主光源通常是最亮的光源，填充光的强度要比主光源低，背景光的强度更低。通过合理调整光源强度，可以控制场景的明暗对比，创造出所需的氛围和效果。

（2）使用反射板和柔光器。反射板可以用来反射和扩散光线，用于填充光和背景光的控制。柔光器可以用来柔化和扩散光线，使光线更加均匀柔和。在需要柔和光线效果时，可以使用反射板和柔光器来调整和控制光线的质量，使照片或场景看起来更加自然。

（3）注意阴影的形状和位置。阴影是三点布光中重要的元素之一，它可以增强物体的形状和纹理。通过调整主光源的位置和角度，可以控制阴影的形状和位置，使其更符合拍摄或照明的需求。注意阴影的投射方向和长度，可以创造出更具艺术感和表现力的照片效果。

（4）调整光源角度和高度。光源的角度和高度对照明效果有很大影响。不同的角度和高度可以产生不同的阴影效果和光线分布。尝试调整光源的角度和高度，观察其对被拍摄主体的影响，找到最适合的照明效果。

黄总监：三点布光也要灵活运用的，不是一层不变的，有时我们在拍摄证件照时也会用到三点布光，但是它为把辅助光放在侧逆光位置上，增加人物的轮廓，如图 5-22 所示。

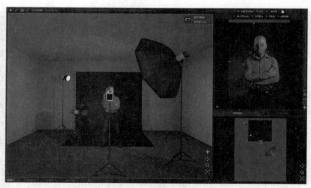

图 5-22　拍摄证件照

小白：感觉用"光"都可以讲故事了。

（五）常用的布光技巧

1. 布光是为了保证必需的光亮

拍过照片的人都知道：在光亮不足的环境下，根本就拍不出什么东西，基本是黑乎乎的一片。布光可以让产品的颜色更鲜艳，细节更明显。只有颜色饱满、细节明显，买家才会有购买的欲望。如果拍出来的效果色彩黯淡，连边缘轮廓都看不清，就不会有人愿意在这样的照片上多停留 1 秒钟。打光如图 5-23 所示。

图 5-23　打光

2. 柔光与硬光的选择

柔光是指照射在被拍摄主体上时不会产生明显阴影的光，拍摄的画面影调平和。它属于漫反射性质的光，光源方向不明显。对反光率较高的物体，如金属、玻璃、水面等，常常使用柔光拍摄，避免因反光影响画面效果，还突出了被拍摄主体的特点。

拍摄玻璃制品时，拍摄者利用窗外照射进来的柔和光线拍摄，突出主体的质感。同时，横幅的构图方式，增强了画面的透视感。

突显静物立体感用硬光，利用硬光拍摄的物体都具有明显的阴影，被拍摄主体有明显的背光面和受光面，获取的画面明暗反差较大，对比强烈。利用这样的效果拍摄粗糙的物体时，能够将物体的质感很好地表现出来，同时突显被摄体的立体感。

拍摄冰块时，在逆光的照射下，画面形成明显的阴影，明暗反差增大，主体的立体感增强，色彩也会得到真实呈现。柔光与硬光如图 5-24 所示。

3. 巧妙打光得以突显金属质感

金属表面容易反光，而且会把周围环境中的物体反映到金属表面上，所以拍摄金属一般是在昏暗环境中操作，用全包围式或半包围式打光都能达到理想的效果。

拍摄金属物品重在突显金属的质感与立体感，应根据金属色彩选择单一的背景，以便有效地突显主体。金属打光如图 5-25 所示。

图 5-24　柔光与硬光

图 5-25　金属打光

4. 逆光展现玻璃通透的质感

逆光拍摄是将被摄体置于相机和光线中间的一种拍摄方式，属于比较难掌握的光线。不管是人物摄影还是风景摄影，运用逆光展现被拍摄主体是常用的拍摄手法之一。在静物摄影中，利用此方法有利于表现玻璃制品的通透感以及玻璃的造型特色。逆光拍摄玻璃制品如图 5-26 所示。

图 5-26　逆光拍摄玻璃制品

5. 利用阴影创造立体感

阴影是摄影师描述物体三维性的手段，能够使物体在照片中呈现出空间感，而不仅仅是物体在平面上的投影。同样，侧光、顶光和底光能够在物体上投射出深而长的影子，从而制造出立体感。因此，静物、商业产品和风光摄影师喜欢使用有角度的光线。创造阴影如图 5-27 所示。

图 5-27 创造阴影

小白：这些技巧都好实用啊，谢谢黄总监。

黄总监：在短视频的拍摄中，画面中会使用到上述的各种光，画面的影调取决于影像风格，所以不同的作品风格会使用特定的光影风格。在拍摄宣传片时为了得到较好的光感，能让用户看清楚每个细节，通常我们会使用顺光、前侧光来进行拍摄，而顶光与底光的使用则比较少。

拍摄宣传短视频通常会在室外进行，一般我们应遵循三个原则：一是确定宣传片画面的影调，为被拍摄主体选择特定的光线，增加艺术感染力。二是正确选择自然光线的投射时间、方向以及强度，这样可以充分地运用自然光线，获得意想不到的效果。三是当自然光线不充足时，可以考虑运用人工光源来辅助，以满足短视频拍摄技术条件与作品的艺术追求。

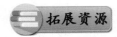
拓展资源

项目五 5-2 短视频中光的运用

同步自测

1.（ ） 拍摄是指光线的方向与镜头的方向是相反的，光线来自被拍摄主体的背面。

A. 顺光 　　　　 B. 逆光 　　　　 C. 侧光 　　　　 D. 底光

2.（ ） 是指光线来源于被拍摄主体的顶部，光线方向与镜头的方向垂直。制造紧张气氛时通常会采用这种方式。

A. 底光 　　　　 B. 侧光 　　　　 C. 逆光 　　　　 D. 顶光

3.（　　）是一片装在闪光灯或摄影灯前的黑色格纹金属罩，外形是方格，因为像纹路整齐的蜂窝而得名。

A. 柔光箱　　　　　　B. 雷达罩　　　　　　C. 蜂巢片　　　　　　D. 反光板

4.（　　）又叫作"热靴闪光灯"，通过触发相机快门来达到引闪的效果，可以离开相机，单独引闪。

A. LED 灯　　　　　　B. 室内影棚灯　　　　C. 外拍灯　　　　　　D. 机顶闪

5. 软光的特点是光线方向明确，亮度强，有明显的影子，其优点是便于控制。（　　）

A. √　　　　　　　　　　　　　　　B. ×

6. 顺光拍摄时，被拍摄主体由于没有明显的光影的明暗变化，因而缺乏层次感，表现得太过平淡。（　　）

A. √　　　　　　　　　　　　　　　B. ×

7. 反光伞的形状为透明伞状，主要作用为柔和光线，消除照片光斑与阴影。（　　）

A. √　　　　　　　　　　　　　　　B. ×

三、前期视频转场

（一）遮挡转场

黄总监：遮挡转场（Cutaway Transition）是一种常用的视频编辑技术，用于平滑过渡不同场景或镜头之间的转换。它通过插入一个短暂的镜头，将观众的注意力从一个场景或镜头转移到另一个场景或镜头，以避免突兀的切换。

课件

下面我再给你介绍一下拍摄遮挡转场的步骤。

1. 拍摄遮挡转场的步骤

步骤 1：确定需要遮挡转场的位置。在拍摄前，确定你计划在视频中使用遮挡转场的位置。确定前后两个主要场景或镜头，这些场景或镜头将在遮挡转场中进行转换。

步骤 2：寻找合适的遮挡元素。寻找一个与前后两个主要场景或镜头相关或衔接的遮挡元素，可以是一个物体、人物、景观等，能够用于遮挡或转换观众的视线。

步骤 3：安排摄影设备和角度。根据你的创意和计划，安排摄影设备和角度来捕捉遮挡元素和主要场景或镜头。要确保你拍摄的镜头能够清晰地展示遮挡元素和转场过程。

步骤 4：拍摄遮挡元素镜头。将摄像机对准遮挡元素，拍摄一个短暂的镜头来捕捉遮挡元素的细节。要确保镜头的长度适当，不要过长或过短。

步骤 5：拍摄主要场景或镜头。在拍摄遮挡元素之后，切换到拍摄主要场景或镜头。要确保你的拍摄与前一个镜头相衔接，以便在后期编辑中实现平滑的转场效果。

步骤 6：预览和调整。在拍摄完成后，预览你的镜头，检查遮挡转场的效果。如果需要，进行必要的调整和修正，以确保转场流畅自然。

黄总监：接下来我再强调一下拍摄遮挡转场需要注意的地方。

2. 拍摄遮挡转场需要注意的地方

（1）视觉连贯性。确保前后两个镜头的视觉内容和风格相互衔接，以保持整体的连贯性。避免在转场时出现突兀或不和谐的视觉过渡。

（2）遮挡元素的选取。选择合适的遮挡元素来实现转场效果。遮挡元素应与前后两个镜头相关或衔接，以确保转场的自然流畅。

（3）镜头长度和速度。在拍摄遮挡元素和主要场景或镜头时，注意控制镜头的长度和运动速度。避免镜头过长或过短，以及运动速度过快或过慢，以免影响转场效果的呈现。

（4）摄影角度和位置。选择适当的摄影角度和位置，以确保遮挡元素和主要场景或镜头能够清晰展示。避免拍摄角度过于极端或位置不当，以免影响转场效果的可视性和连贯性。

（5）音频转场。除了视觉转场，注意考虑音频转场的平滑过渡。确保音频的淡入淡出或交叉淡入淡出效果与视觉转场相协调，以获得更好的整体效果。

（6）预览和调整。在拍摄完成后，预览你的镜头，检查遮挡转场的效果。如果需要，进行必要的调整和修正，以确保转场流畅自然。

黄总监：接下来，我演示一下如何拍摄遮挡转场。

单击相机快门开始录制，然后把手盖在镜头上，把手收回来，最后把手盖回去就完成了一个素材。将不同场景的转换和被拍摄主体的动作变化拼接起来，就是一段很酷炫的影片，如图5-28所示。

小白：原来这就是遮挡转场。

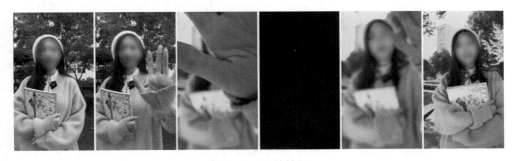

图5-28　遮挡转场

（图片选自张健作品）

（二）摇镜转场

黄总监：摇镜转场是指摄像机的位置不变，通过镜头变动的方式调整拍摄角度，进而实现被拍摄主体的切换或被拍摄主体的视野变化。

黄总监：我再给你介绍一下拍摄摇镜转场的步骤。

1. 拍摄摇镜转场的步骤

步骤1：准备设备。确保你有一台稳定的摄影机和三脚架。稳定的拍摄设备对摇镜转场非常重要。

步骤2：定位摄影机。将摄影机放置在三脚架上，并确保其稳定且水平。

步骤3：设置镜头。选择合适的镜头，并调整焦距和光圈以适应场景。

步骤4：观察场景。仔细观察你要拍摄的场景，并确定你想要通过摇镜转场连接的两个位置。

步骤5：记录第一个位置。将摄影机对准第一个位置，开始录制。

步骤6：摇动摄影机。在拍摄过程中，将摄影机缓慢地从第一个位置摇动到第二个位置。你可以使用手持或镜头支架来实现这个效果。

步骤7：稳定摄影机。在到达第二个位置后，稳定摄影机并继续录制。

步骤8：后期制作。在后期制作中，使用视频编辑软件将两个位置的镜头连接起来，并添加适当的过渡效果，如淡入淡出或交叉淡入淡出。

黄总监：接下来我再强调一下拍摄摇镜转场需要注意的地方。

2. 拍摄摇镜转场需要注意的地方

（1）准备摄影机。在进行摇镜转场之前，确保摄影机已经稳定安装在合适的支架上。使用专业的摄影机支架或稳定器可以帮助减少摄影机晃动和抖动，从而获得更好的模糊效果。

（2）控制摄影机晃动程度。摇镜转场的关键是控制好摄影机的晃动程度和速度。摄影师需要通过手持摄影机或使用特定的摄影机装置来实现所需的晃动效果。要注意避免晃动过大或过快，以免画面过于模糊或不自然。

（3）选择合适的场景和镜头。摇镜转场通常用于过渡两个场景或镜头之间的转场效果。在选择场景和镜头时，要考虑到场景之间的关联性和连贯性，以确保转场效果的流畅和自然。

（4）调整曝光和焦距。在进行摇镜转场之前，需要根据实际情况调整曝光和焦距设置。确保画面在转场过程中保持一致的曝光和焦点，以避免画面模糊或失焦。

（5）后期处理。在后期制作中，可以使用专业的视频编辑软件对摇镜转场进行进一步的处理和调整。通过调整模糊程度、添加过渡效果和音频处理等手段，可以增强转场效果的表现力和吸引力。

黄总监：我在这里演示一下如何拍摄摇镜转场。

在录制视频时，摇动镜头定向拍摄，再次摇动镜头，然后结束拍摄；以此类推，多次重复然后进行拼接。这个转场的关键在于前一条素材结束时的摇动方向需要和后一条素材开始时的摇动方向一致，这样才能完美地衔接，给人一种自然转换的流畅感，如图5-29所示。

小白：有机会我也去拍一个。

图5-29 摇镜转场

（图片选自张健作品）

（三）相似环境转场

黄总监：拍摄视频时，可通过转到一个与之前场景相似的环境，来实现场景转换。我再给你介绍一下拍摄相似环境转场的步骤。

1. 拍摄相似环境转场的步骤

步骤 1：确定需要转场的两个场景。这两个场景应该有一定的相似性，比如都在室内、都在户外等。

步骤 2：在第一个场景拍摄完毕后，尽快转移到第二个场景。这样可以保持两个场景的光线、色调等条件相似。

步骤 3：在第二个场景中，尽量保持摄影机角度、构图等与第一个场景相似。这有助于观众感知两个场景的相似性。

步骤 4：在转场时，可以采用淡入淡出、推拉镜头等手段，平稳过渡两个场景。

黄总监：我再强调一下拍摄相似环境转场需要注意的地方。

2. 拍摄相似环境转场需要注意的地方

（1）两个场景的相似性越高，转场效果越好。但不用完全一样，否则会显得生硬。

（2）两个场景的光线、色调、背景音乐等条件尽量保持一致，这有助于营造连贯的视觉和听觉效果。

（3）转场时不要出现突兀的画面切换，应采用平稳的过渡手段。

（4）相似环境转场需要较快地在两个场景间切换，否则光线条件可能会有较大差异。

（5）在转场前后，可以通过人物的动作、语言等手段来提示观众即将发生转场。

黄总监：比方很多影视作品中表现时间流逝的画面，有点类似于延时摄影的效果，这样就可以实现日夜画面的自然转换，如图 5-30 所示。

小白：好的，我差不多明白了。

图 5-30　相似环境转场

（图片选自张健作品）

项目五　5-3 前期视频转场

同步自测

1. （　　）是通过手或其他方式遮挡镜头制造一个黑场，通过这个黑场来实现转场。

A. 遮挡转场　　　　B. 摇镜转场　　　　C. 相似环境转场　　　D. 定格转场

2. （　　）是指摄像机的位置不变，通过镜头变动的方式调整拍摄角度，进而实现被拍摄主体的切换或被拍摄主体的视野变化。

A. 相似环境转场　　B. 定格转场　　　　C. 摇镜转场　　　　D. 遮挡转场

3. （　　）是指镜头运动方向大体一致，被拍摄主体利用雷同场景实现画面的自由衔接。

A. 摇镜转场　　　　B. 定格转场　　　　C. 遮挡转场　　　　D. 相似环境转场

4. 转场是连接整个视频骨骼的关节，不同风格的转场配合不同风格的故事，串联各个部分，构建起完整的视频成果。（　　）

A. √　　　　　　　　　　　　　　B. ×

5. 遮挡视频转场的手法中，它的剪辑效果清晰，能够控制情节，厘清脉络，对纪实图片的构图、色彩表现和剪辑方法有独到见解。（　　）

A. √　　　　　　　　　　　　　　B. ×

6. 相似环境转场在很多影视作品中被用来表现时间流逝的画面，有点类似于延时摄影的效果，这样就可以实现日夜画面的自然转换。（　　）

A. √　　　　　　　　　　　　　　B. ×

7. 前期的镜头拍摄转场还包括 PS 或者 PR 的处理，可以在影片画面中以缩放、旋转、模糊等特效实现转场。（　　）

A. √　　　　　　　　　　　　　　B. ×

四、短视频拍摄技巧

（一）避免逆光拍摄

黄总监：拍摄逆光场景，很多人都会碰到局部曝光不足或曝光过度的问题，这就使画面的曝光不完美。那么，面对逆光场景的拍摄，我们应该如何应对呢？

小白：对啊，遇到这种问题时我应该怎么解决呢？

1. 对中灰区域测光，后期调整明暗部曝光

课件

拍摄逆光场景，大部分人会考虑选择对中间亮度的区域进行测光。也就是对着中灰区域进行测光。这样做的好处就是让明暗部都能保留细节，使亮部无死白、暗部没死黑，通过后期软件对亮暗区域进行调整，从而获得相对准确的曝光。

在后期进行调整时，可以增加或降低"阴影"部分的曝光量，也可以降低或增加"高光"区域的曝光量，具体操作还要视实际情况而定。一般用此方式拍摄是增加"阴影"亮度，降低"高光"亮度。

用此方式拍摄出来的照片给人的印象是偏普通，色彩表现不尽如人意，也需要后期的加工处理，但这是很不错的处理方式。

2. 局部区域可采用人工补光的方式

如果局部区域偏暗，比如逆光人像的拍摄，我们可以采用人工补光的方式来解决。在拍摄逆光人像时，最怕把人脸拍成大黑脸，这时候使用反光板为人像补光，或者使用补光灯或闪光灯为人像补光，都是能直接解决问题的方式，如图5-31所示。

图 5-31　人工补光

3. 拍摄逆光大场景时，采用 HDR 或包围曝光

当然，如果拍摄的是逆光大场景，那么人工补光的方式就不适合了，这时候可以选择 HDR 或包围曝光，HDR 可以说是包围曝光中的一种。

这个方式的关键在于需要拍摄多张不同曝光量的照片，通过简单的相机自动合成或后期合成来达到逆光大场景都曝光准确的目的。

以 HDR 为例，一般而言是连续拍摄三张照片：一张曝光不足、一张曝光正常、一张曝光过度，欠曝和过曝的曝光量差可以控制，常见的有"自动""±1EV""±2EV""±3EV"等。简单来说，通过机内合成后，欠曝的照片会保留下亮部区域的细节、过曝的照片会保留暗部细节，正常曝光的照片会保留中灰细节，所以合成后的照片明暗部细节都保留，逆光带来的曝光问题也得到解决，如图5-32所示。包围曝光更复杂，但与 HDR 有异曲同工之妙。

图 5-32　HDR 合成

4. 使用中灰渐变镜，但有使用限制

在拍摄风光时，如果想要处理逆光问题，可以考虑使用滤镜——中灰渐变镜。拍摄过程中，可以对过曝区域过滤部分光线，而透明区域则保持曝光正常，从而让整个画面曝光准确。

当然，这个方式也有前提，那就是欠曝、过曝区域要有水平线，因为中灰渐变镜使中灰层到透明层是渐变的，有水平线可以让拍摄结果更完美，不然拍摄出来的照片曝光情况也会有不足。

5. 调整曝光补偿，保证主体的曝光，牺牲局部细节

黄总监：如果实在不行，就看被拍摄主体是什么：主体是高光区域，那就对高光区

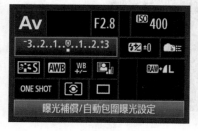

图 5-33　曝光补偿

域测光，然后尽可能增加曝光补偿，让暗部细节能够保留一些；主体是阴影区域，那就对阴影区域测光，再尽可能降低曝光补偿，让亮部区域的细节得到一些保留。曝光补偿如图 5-33 所示。

因为我们需要保证拍摄主体的曝光，主体之外的曝光在不得已的情况下，只能牺牲掉，两者取权重大的一个。

（二）对焦要准备

黄总监：对于对焦，首先要弄清楚，我们到底要对焦在什么地方——当然是对焦在我们认为最值得对焦的地方了，也就是对焦在我们认为的主体上。那到底怎么对焦呢？下面我将通过拍摄人物的对焦和拍摄风景的对焦来讲解对焦的知识。

小白：好啊，我还不知道对焦需要提前准备呢。

1. 人物对焦拍摄

人物是画面中的重点，焦点自然落在人上面，如果我们再将镜头拉近，拍摄半身人物照，那么人物的表情和五官是画面的重点，焦点就要落在人的脸上，如果我们拍一个人物头部特写，拍大头照，那么焦点一定要落在面部最重要的地方——眼睛，因为眼睛是心灵的窗户，如图 5-34 所示。

图 5-34　人物对焦

（图片选自张健作品）

2. 风景对焦拍摄

拍摄风景照，对焦方式与人物对焦拍摄相似，比如拍摄一簇花，在拍摄整体造型时，焦点肯定落在这簇花最美的地方，也就是你认为最好看的几朵花上。如果我们只拍一朵花，那焦点肯定要对在你认为最漂亮的那朵花上，或者对焦在花蕊之上。

总而言之，你想让观众的视线落在哪里，就将焦点对在哪里，如图 5-35 所示。

图 5-35　荷花

（三）围绕中心对象拍摄

黄总监：在短视频拍摄中，围绕中心对象进行拍摄是每位影视从业者最基本的常识。尤其是在复杂的拍摄环境中，中心对象的行为、言语和情绪变化构成了短视频作品的逻辑主线。即便是拍摄其他人的言行，也应围绕影片的主要人物着笔，不可喧宾夺主。

（四）把握"黄金三秒"

黄总监：短视频的用户停留时长比较短。如果一个短视频作品在 3 秒或 3 秒以内无法吸引观众，观众很可能就会无情地"划走"。所以短视频开始的"黄金三秒"要足够精彩，从而留住观众。

小白：好的，我会尽量将短视频时间缩短的。

（五）掌握短视频拍摄时长

黄总监：短视频都有一定的时长限制。如果镜头的时间太短，会让观众看不明白画面。如果一个镜头时间太长，会让观众觉得枯燥无聊，影响观看热情。因此要注意短视频的镜头停留时长和拍摄时长，仔细斟酌每个镜头。

小白：好的，我会在以后的拍摄中注意时长的。

 拓展资源

项目五　5-4 短视频中拍摄技巧

1. 以下属于应对逆光拍摄时的方法是（　　　）。

A. 对中灰区域测光，后期调整明暗部曝光

B. 局部区域可采用人工补光的方式

C. 拍摄逆光大场景时，采用 HDR 或包围曝光

D. 调整曝光补偿，保证主体的曝光，牺牲局部细节

2. 如果一个短视频作品在 3 秒或 3 秒以内无法吸引观众，观众很可能就会无情地"划走"指的是（　　　）。

A. 围绕中心对象拍摄 　　　　　　　B. 对焦要准备

C. 避免逆光拍摄 　　　　　　　　　D. 把握"黄金三秒"

3. 中灰渐变镜可以对过曝区域过滤部分光线，而透明区域则保持曝光正常，从而让整个画面曝光准确。（　　　）

A. √ 　　　　　　　　　　　　　　B. ×

4. 主体是高光区域，那就对阴影区域测光，再尽可能降低曝光补偿，让亮部区域的细节得到一些保留。（　　　）

A. √ 　　　　　　　　　　　　　　B. ×

5. 在短视频拍摄中，围绕中心对象进行拍摄是每位影视从业者最基本的常识。（　　　）

A. √ 　　　　　　　　　　　　　　B. ×

6. 同一主体转场是指镜头跟随被拍摄主体不变，但是主体所处的时间、空间却发生变化的转场方式。上下镜头有一种承接关系。（　　　）

A. √ 　　　　　　　　　　　　　　B. ×

7. 字幕转场是通过字幕交代前一段视频之后发生的事情，可以清楚地交代时间、地点、背景、故事情节、人物关系，让观众一目了然。（　　　）

A. √ 　　　　　　　　　　　　　　B. ×

制作探店短视频

1. 任务背景

黄总监为小白讲解了这么多，想考一下小白，让小白制作一条探店短视频。

党的二十大报告指出要"鼓励共同奋斗创造美好生活，不断实现人民对美好生活的向往"。

黄总监：小白，自 2018 年至今，抖音平台作为本地生活平台的后起之秀，其探店短视频中涉及的消费类型非常丰富，尤其是美食类相关的探店短视频数量占了一半以上。美食类探店达人的年龄平均均为 33.27 岁，其中 25～34 岁的群体占比较高，超过 35 岁的探店达人约占 44.81%。从地域来看，成都、重庆地区的美食探店达人总量较多；具体到美食类型上，烧烤、茶饮果汁以及川渝火锅的探店短视频较多。许多省份也出台了相关政策支持本地生活事业发展。数据分析结果反映出我国人民对美好生活

的热爱，对国家政策充满信心。当前看来，本地生活作为抖音当前优先级最高的项目之一，随着抖音平台的流量倾斜，会有更多商家入驻，探店短视频成了引流的关键内容。

2. 咖啡书吧探店短视频的构思策划

咖啡书吧探店短视频创意说明如下。

本片以咖啡书吧探店为主，设计四个场景，全方位展示咖啡书吧的优势，引导消费者进行消费。

场景1：美食博主在咖啡书吧外介绍咖啡书吧的地理位置、店外的场景、此店的主要特色，引导观众持续观看下去。

场景2：美食博主在咖啡书吧里，通过自己购买一杯咖啡书吧特色咖啡，来介绍咖啡书吧咖啡的特色。

场景3：美食博主在咖啡书吧里一边品尝咖啡，一边看自己喜欢的书。通过这些来展示咖啡书吧休闲的氛围。

场景4：美食博主在咖啡书吧拍照，展现咖啡书吧宜人的环境。

黄总监：很不错，接下来根据策划内容设计项目分镜。

3. 项目分镜设计

脚本分镜如表5-1所示。

表5-1　脚本分镜

序号	旁白	景别	摄影机运动	镜头内容
1	Hello，大家好，我是你们的小刘同学，今天我们来打卡一家滨江区很有名的咖啡店	中景	固定	小刘同学在店外介绍要打卡的咖啡书吧
2	他们家的咖啡种类有很多，很多都是网红款，一定要来尝试一下，给我来一杯拿铁咖啡	中景	固定	小刘同学介绍他们家的咖啡种类，最受欢迎的是拿铁咖啡
3	无	特写	固定	介绍拿铁咖啡的制作过程，特别是拉花过程
4	这杯咖啡的拉花特别漂亮，接下来我尝一口，刚入口一股很浓的奶香味，再细品，能品出一点点咖啡的苦味。总体来说，非常棒	特写	固定	咖啡的拉花
		中景	固定	小刘同学品尝拿铁咖啡
5	一杯热拿铁，一本书，度过了惬意的下午时光	全景	摇	展现了咖啡与书融为一体
6	书店式的设计，还挺独特的	中景	移	小刘同学在咖啡书吧看书
7	整体轻奢	全景	移	展现了咖啡书吧全景

序号	旁白	景别	摄影机运动	镜头内容
8	里面的装修风格，也是我最近很着迷的极简风	中景	固定	小刘同学在咖啡书吧里休闲
9	随手拍拍，就能拍出大片	中景	固定	用照片的形式来展现咖啡书吧的休闲氛围
10	抛开工作，整个人都放松下来，让慵懒的时间变得更有仪式感	全景	推	结尾展现咖啡与书吧的整体美，欢迎大家来消费

黄总监：设计完分镜之后要进行短视频原始素材的拍摄，采用竖屏拍摄，分辨率最好为 1 080 像素×1 920 像素。

4. 拍摄短视频素材

原始拍摄素材见二维码。

拍摄素材

黄总监：最后将拍摄的原始素材利用 Premiere 剪辑与特效合成，就制作完成了。

5. 短视频的剪辑与特效合成

步骤 1：新建一个 Premiere 的工程文件，如图 5-36 所示。

新建工程

图 5-36　新建工程

步骤 2：新建一个 1 080 像素×1 920 像素的序列，如图 5-37 所示。

图 5-37　新建序列

新建序列

步骤 3：导入短视频素材，如图 5-38 所示。

图 5-38　导入素材

导入素材

步骤 4：导入 Premiere 时间线，进行短视频剪辑，如图 5-39 所示。

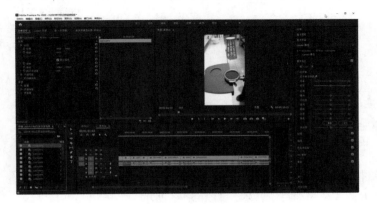

图 5-39　剪辑素材

短视频剪辑

步骤 5：对短视频进行 Lut 插件调色，如图 5-40 所示。

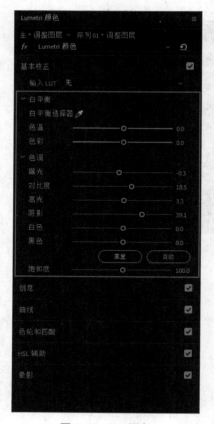

Lut 插件调色

图 5-40　Lut 调色

步骤 6：保存 Premiere 的工程文件，如图 5-41 所示。

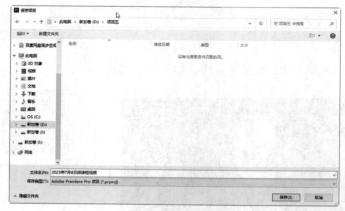

保存 PR 工程

图 5-41　另存为工程文件

步骤 7：打开剪映软件，再打开 Premiere 保存的工程文件，如图 5-42 所示。

步骤 8：在剪映里添加特效文字和背景音乐，如图 5-43 所示。

剪映打开 PR 工程文件

图 5-42 用剪映打开 Premiere 的工程文件

剪映特效文字、音效

图 5-43 在剪映里编辑

步骤 9：作品输出，如图 5-44 所示。

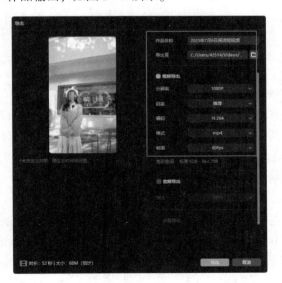

作品输出

图 5-44 导出作品

6. 成品视频

最终作品

拓展任务

制作一条探店短视频

1. 背景

黄总监：我们目前有一个探店系列的项目，叫"闻香识好店"，闻香探店系列短视频以中小品牌商家为主，以本地传统小吃吸引用户关注。

小白：哇！这个创意好棒！

黄总监："闻香识好店"系列短视频从古代酒香不怕巷子深的故事展开，采集本地名小吃古历史文化实例，进行××小吃文化的探讨与回味，引入当代美食，以街头采访形式代入主题——你吃过×××吗？简短开篇后，引起观众好奇心，揭示当期主题门店。

小白：黄总监为我介绍得这么详细，是要安排我制作这个系列的探店短视频吗？

黄总监：当然，接下来就由你为"闻香识好店"系列贡献智慧了。

2. 任务内容

黄总监：以"你吃过×××吗？"为主题，制作一个探店短视频，主要包括以下几方面内容。

（1）展示商家品牌历程故事、独特风格、装潢设计、服务品质、美食菜系，抓住其中之一进行深入讨论，突出商家特色。

（2）美食菜系作为重点要突出表现，讲述制作材料、加工工艺、口感味道等，以色香味诱人。

（3）探店过程中设置独立短剧情，穿插现场对话，与历史故事进行对比，揭秘变迁与传承，增加视频内容兴趣点，延长观众驻留时间。

（4）探店过程必须包括完整的商家介绍、背景故事、位置及门面展示，以及店内装潢布置展示、服务细节展示、菜品制作过程展示、菜色及口味展示与消费者反馈。

（5）探店过程必须至少包括一个亮点，能够引发思考、好奇、学习、对比等，且必须来自商家内容部分，以提升观众好感与增加粉丝量。

（6）探店视频必须选择正确时机代入项目并进行简短有效的介绍与推广。

3. 任务安排

本任务是一个团队任务，要求成员运用以上讲解过的知识分工协作完成，时间为7天，完成后上交"探店拍摄脚本"与"探店短视频最终成片"，并做好交流的准备。

素养提升

党的二十大报告指出要"鼓励共同奋斗创造美好生活，不断实现人民对美好生活的向往"。多地政府部门在促消费系列举措中提出，鼓励餐饮等企业通过探店引流等方式开展促消费活动。探店作为新兴业态，为消费市场的复苏提供了强劲的助力。

抖音平台为了保证商家的利益，发布了《抖音生活服务创作者治理公告及合规倡议》，它规定：

（1）禁止博主、大 V 以"恶意差评"勒索餐厅。

（2）禁止以探店名义，强行索要餐食、车马费、额外佣金等"吃霸王餐"。

（3）从严整治探店博主对餐厅菜品"价格虚假宣传"。

（4）将对博主为了吸引眼球，对餐厅"夸大宣传"行为进行严厉整治。

（5）坚决打击云探店、剪辑、虚构、雇佣水军等"虚假探店"行为。

小白：制作探店短视频时还需要注意什么呢？

黄总监：探店博主其实很多都属于广告代言人，在这个过程中要遵守《中华人民共和国广告法》的相关规定。首先，菜品肯定要符合食品安全规范，探店博主必须真实接受过餐厅的服务，品尝过相应的食品。另外，还可以依据一些客观的标准来判断是否有虚假宣传，比如材料的产地、用料和宣传的是否一致，满减的优惠、生日等特殊日期的额外服务是否真实存在。

希望探店博主能够进行真实的体验分享，以真实换信任，这样既利好自己也利好行业发展。商家在利用探店短视频进行"软推广"的同时，要提高自身经营能力，以高质量、好价格赢得好口碑。消费者也要擦亮双眼，避免接收碎片化的信息，遇到虚假推荐时及时向平台举报。平台要肩负起责任，对某些含有虚假违规信息的探店短视频或笔记的账号进行限流、屏蔽，甚至封号处理。只有在各方的共同努力下，餐饮行业环境方能风清气正。

思维导图

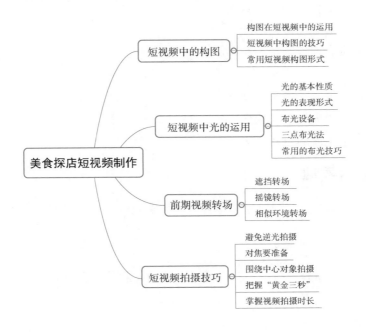

课程测试

1. 选择题

（1）在视频构图中，常用的构图技巧是（　　）。

A. 高角度构图　　　B. 非对称构图　　　C. 低角度构图　　　D. 对称构图

（2）在室内拍摄时，应该选择的光线类型是（　　）。

A. 自然光　　　　　B. 白炽灯光　　　　C. 荧光灯光　　　　D. 闪光灯光

（3）在拍摄人物时，应该选择的光线类型是（　　）。

A. 柔和的背光　　　B. 平衡的前光　　　C. 强烈的侧光　　　D. 明亮的顶光

（4）最能突出主体的构图方式是（　　）。

A. 中心构图　　　　B. 高角度构图　　　C. 低角度构图　　　D. 对称构图

（5）在户外拍摄时，应该选择的光线类型是（　　）。

A. 自然光　　　　　B. 人工光　　　　　C. 侧光　　　　　　D. 背光

（6）在拍摄物体时，应该选择的光线类型是（　　）。

A. 前光　　　　　　B. 侧光　　　　　　C. 背光　　　　　　D. 顶光

（7）在拍摄食物时，应该选择的光线类型是（　　）。

A. 前光　　　　　　B. 侧光　　　　　　C. 背光　　　　　　D. 顶光

2. 判断题

（1）对称构图是指在画面中将元素放置在中心位置两侧对称的构图方式。（　　）

（2）在室内拍摄时，使用自然光线可以避免造成不自然的效果。（　　）

（3）前光可以创造出戏剧性的效果，突出主题的形状和纹理。（　　）

（4）高角度构图可以增加画面的压迫感。（　　）

（5）背光可以营造出神秘的氛围。（　　）

（6）侧光可以突出物体的形状和质感。（　　）

（7）顶光通常会造成阴影和轮廓不清晰。（　　）

3. 简答题

（1）简要概括硬光和软光的区别。

（2）如何应对逆光场景的拍摄？

（3）简要介绍主流的布光方法。

综合实训

黄总监为了让小白更深刻地理解探店短视频中光的运用和转场等内容，通过实训来进行练习。

1. 实训目标

根据前面所学的内容，挑选一家店铺为其策划与制作探店短视频。

2. 实训内容

（1）策划主题为"我最喜欢的一家店"。

（2）利用自己拥有的拍摄器材，如手机、摄影机等，拍摄构思好的短视频。

（3）拍摄过程中学习构图、布光、转场等形式，并使用后期软件制作短视频。

（4）将制作好的短视频上传到短视频平台。

3. 实训要求

（1）在制作的过程中查漏补缺，学习自己不擅长的拍摄、剪辑等技能。

（2）上传短视频之后注意观察短视频的播放量，以及粉丝的评论与转发数，分析短视频可能存在的不足之处。

项目六　旅游短视频制作

项目导入

　　在前面的学习中小白已经掌握了非常多的知识，接下来黄总监为小白介绍剪辑中最重要的剪辑节奏和视频调色。

　　黄总监：小白，你去拍摄探店短视频的时候遇到嘈杂的环境，人声收录不清怎么办？

　　小白：没有办法，只能等周围安静的时候再拍摄。

　　黄总监：接下来我就教教你现场收音、声音后期高级降噪及声音后期特效的技巧。

　　小白：太好了。

　　黄总监：不仅如此，短视频剪辑的节奏也非常重要，我还会教给你短视频镜头的组接与切分的规律和技巧。

　　小白：对，在剪辑过程中确实有不顺畅的地方。

　　黄总监：你已经能独立制作短视频了，接下来要做的就是精益求精，比如后期调色等细节的优化。

　　小白：我一定认真向团队里的前辈们请教，争取早日成为独当一面的人！

知识准备

一、声音后期技巧

黄总监：户外拍摄在音频录制方面有太多不可控因素，但良好的设备和适当的技巧可以帮助我们获得理想的音频录制效果。

小白：都有什么技巧呢？

（一）现场收音技巧

课件

技巧 1：保持录音距离

保持你与麦克风的距离，就可以尽可能地保持麦克风所收声音音量的稳定性。如果在说话时前后左右移动过大，会造成录音音量忽大忽小。另外，在说话时，也应避免说话的音量起伏太大，因为这些都会造成观众不舒服。

从理论上来说，麦克风与录音物体之间的距离越近越好。但在户外拍摄时，麦克风和拍摄物之间需要保持一定的距离。这里推荐的距离范围是 30~180 厘米。

技巧 2：增加环境音

所谓环境音，就是记录拍摄环境的声音。在拍摄时，摄影师保持安静，自然录制一段 30 秒左右的环境音频即可。这 30 秒左右的环境音将是你后期视频剪辑的好帮手。在对多个文件进行后期剪辑时，场景转换时的背景音效会因裁剪而听起来十分突兀。此时，你只需要准备事先录制好的环境音，将其拖到文件的衔接处，便可以轻松解决音频突兀问题。

技巧 3：防止喷麦

如果预算充足，可以购买防喷罩，还可以把麦克风从你的正前方移至 45°角的位置，并把麦克风对准你的嘴角，如此可以大幅改善喷麦的情况。

如果单纯用手机录制，你可以将一张纸巾分开，取最薄的一层，用几滴水打湿，然后包住手机收音筒，这样录制出的声音就会干净很多，也可以避免喷麦。

技巧 4：经典的举麦方式

拍摄现场经常看到的挑麦方式，就是将挑杆举过头顶，从远处挑麦收音。这样的方式可以很好地应对干扰元素多的拍摄场地，但也要注意避开灯光，以免造成阴影。

中高位置的举麦可以一只手压住挑杆尾部，另一只手作为支撑或提起挑杆，这样就可以实现很不错的收音效果。

单手举麦可以将挑杆尾端压在腋下，然后用手作为支撑。这样就可以空出一只手来调节相机上的设定。

技巧 5：对着麦克风收音的正确方向说话

对着麦克风收音的错误方向说话，是多数人会犯的错误。例如使用麦克风 BM-800，很多人会对着这支麦克风的顶端说话，这是错误的。

所以在使用麦克风之前，要详细阅读麦克风的使用说明，并且在开始录音之前，面对麦克风进行不同位置、不同方向的测试，确保你是对着麦克风正确的收音方向说话，以保证录音质量。

技巧 6：根据拍摄环境选择麦克风

手机拍摄视频有一个比较突出的痛点是收音问题，因为我们在户外拍摄时，环境大都比较嘈杂，而手机自带的收音往往背景噪声很大，听不清人声。平时我们刷短视频便会发现，大多数创作者都选择使用领夹式麦克风，或者无线麦克风，越小巧越好，这样方便表现人物。因为大部分设备的内置录音功能都无法保证高质量的音频录制。所以，要想得到高质量的音频录制，外接麦克风是首选。

如果是室内单人录制视频，环境条件比较好的情况下，选择一般的领夹式麦克风和USB 电脑麦克风即可。如果是室内多人录制视频，可以选择适用多人会谈的、全向性收音麦克风，一支麦克风可以收录多人声音，这样操作比较简单。

如果是户外录制，首先考虑降噪问题。室外的不确定因素太多，大自然的声音、忽然出现的噪声等都会影响拍摄进度和效果，因此首先要准备好降噪麦克风。然后再考虑收音问题，室外空旷的环境让声音飘得更快更远，所以灵敏的收音麦克风很重要，一般选用心型收音、超心型收音麦克风。

技巧 7：使用降噪套装

在拍摄过程中，可以选择适当的话筒防风套装，以减少周围环境的噪声。话筒防风套装包括三个主要组件：防风笼、减震架、防风毛衣。

防风笼，俗称猪笼，可以完全包覆麦克风及其接头，并能嵌入减震架，从而成为麦克风的一重防风保护，如图 6-1 所示。

减震架可通过支架夹持麦克风，使麦克风悬空无任何硬接触，从而消除触摸噪声和缆线噪声，如图 6-2 所示。

图 6-1　防风笼　　　　　　　　　　　　　图 6-2　减震架

防风毛衣的毛皮可以降低吹到笼子上的风速，使风的噪声能够进一步降低。

（二）声音后期降噪技巧

黄总监：项目三我们讲了如何捕捉噪声样本进行简单的降噪处理，接下来我们再深入讲解一下关于 AU 降噪的内容。

"降噪（处理）"效果器的"高级"设置：在"降噪（处理）"效果器界面接近底部的位置有"高级"二字，单击它左侧的小箭头就可以打开该效果器的高级设置，如图 6-3 所示。

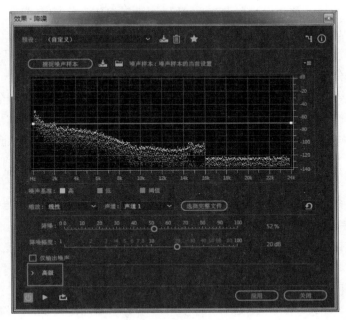

图 6-3　效果—降噪

"高级"设置在这一部分共有六个参数，分别是"频谱衰减率""平滑""精度因素""过渡宽度""FFT 大小""噪声样本快照"，如图 6-4 所示。

图 6-4　高级设置参数

1. "高级"设置中的六个参数

（1）频谱衰减率：指定当音频低于噪声基准时处理频率的百分比。微调该百分比可实现更大程度地降噪而失真更少。40%~75% 的值效果最好。低于这些值时，经常会听到发泡声音失真；高于这些值时，通常会保留过度噪声。

（2）平滑：考虑每个频段内噪声信号的变化。分析后变化非常大的频段（如白噪声）将以不同于恒定频段（如 60 赫兹嗡嗡声）的方式进行平滑。通常，提高平滑量（最高为 2 左右）可减少发泡背景失真，但代价是增加整体背景宽频噪声。

（3）精度因素：控制振幅变化。值为 5~10 时效果最好，奇数适合对称处理。值等于或小于 3 时，将在大型块中执行快速傅立叶变换，在这些块之间可能会出现音量下降或峰值。值超过 10 时，不会产生任何明显的品质变化，但会增加处理时间。

（4）过渡宽度：确定噪声和所需音频之间的振幅范围。例如，零宽度会将锐利的噪声门应用到每个频段。高于阈值的音频将保留，低于阈值的音频将截断为静音。也可以指定一个范围，处于该范围内的音频将根据输入电平消隐至静音。例如，如果过渡宽度为 10 分贝，频段的噪声电平为-60 分贝，则-60 分贝的音频保持不变，-62 分贝的音频略微减少，-70 分贝的音频完全去除。

（5）FFT 大小：确定分析的单个频段的数量。此选项会引起最激烈的品质变化。每个频段的噪声都会单独处理，因此频段越多，用于去除噪声的频率细节越精细。良好设置的范围是 4 096~8 192。快速傅立叶变换的大小决定了频率精度与时间精度之间的权衡。较高的 FFT 大小可能导致哔哔声或回响失真，但可以非常精确地去除噪声频率。较低的 FFT 大小可获得更好的时间响应（例如，钗钹击打之前的哔哔声更少），但频率分辨率可能较差，而产生空的或镶边的声音。

（6）噪声样本快照：确定捕捉的配置文件中包含的噪声快照数量。值为 4 000 时最适合生成准确数据。非常小的值对不同的降噪级别的影响很大。快照较多时，100 的降噪级别可剪掉更多噪声，但也会剪掉更多原始信号。然而，当快照较多时，低降噪级别也会剪掉更多噪声，但可能保留预期信号。

在"高级"设置的六个参数里，对降噪结果影响比较大的是"频谱衰减率"和"FFT 大小"参数，其余参数不必做过多改动，因为改动"平滑""精度因素""过渡宽度"等参数可能会导致更糟的降噪结果。如果不慎将数值改动过大并且忘记了它们的默认值，那么我们可以通过预置菜单中的"（默认）"选项来将它们恢复为默认值，在"高级"设置中参数的默认值与建议取值如表 6-1 所示。

表 6-1　参数的默认值与建议取值

参数	默认值	建议取值
频谱衰减率	65%	40%~75%
平滑	1	1
精度因素	7	5~10
过渡宽度	0 分贝	0 分贝
FFT 大小	4 096	8 192
噪声样本快照	4 000	4 000

小白：听起来好复杂啊，看来我要学的内容还有很多。

黄总监：多多练习，熟能生巧就好了。AU 提供了降低嘶声、嗡嗡声、咔嗒声、爆音和其他噪声的功能，还可以根据需要定义振幅、时间和频率等信息来删除人为噪声。对音频进行降噪与修复处理时，一定要把握好度，尽量避免降噪的同时将有用的声音也去除掉，过度处理也会带来不自然感。

2. 不同类型的降噪处理方法

（1）"自适应降噪"（见图6-5）可快速去除变化的宽频噪声，如背景声音、隆隆声和风声。此效果实时起作用。为获得最佳结果，可将"自适应降噪"应用到以噪声开始、后面紧接所需音频的选择项。该效果根据音频的前几秒识别噪声。

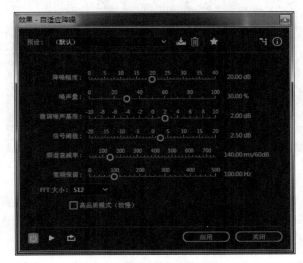

图6-5　自适应降噪

关于"自适应降噪"效果器有两点需要注意：首先这个效果器需要比较多的运算能力，所以如果计算机的运算能力不足，那么有可能产生卡顿；其次要注意"FFT 大小"这个参数，当它设置为"512"和"4 096"时产生的效果差异比较大，这与"降噪（处理）"效果器类似，如果需要更好的效果，那么可以先考虑设置 4 096 这个数值。

（2）"自动咔嗒声移除"（见图6-6）效果器可以校正一大片区域的音频或单个咔嗒声或爆音。"阈值"参数的数值越低，降噪效果越明显，"复杂性"参数的数值越高，去掉的咔嗒声越多。

图6-6　自动咔嗒声移除

（3）"自动相位校正"（见图6-7）效果器可以自动修复相位方面的问题。相位问题一般是由不恰当的麦克风摆位造成的。当多个麦克风同时录音时可能会得到相位有差异的多个音频。通俗点讲，就是声音到达某个麦克风的时间比另一个麦克风慢一点或快一点，由于它们录制的是同一个声源，所以当它们的声音混合在一起时就会产生一定的相位抵消，形成一种让人很不舒服的声音。

图 6-7　自动相位校正

（4）"消除嗡嗡声"（见图 6-8）效果器可以去除窄频段及其谐波。最常见的应用可处理照明设备和电子设备的电线嗡嗡声。"消除嗡嗡声"也可以应用陷波滤波器，从源音频中去除过度的谐振频率。

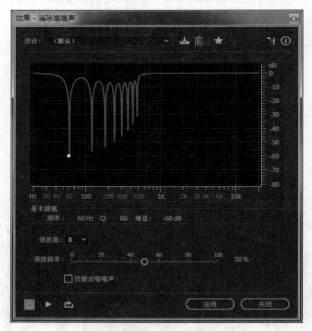

图 6-8　消除嗡嗡声

（5）"咔嗒声/爆音消除"（见图 6-9）效果器可去除麦克风爆音、轻微嘶声和噼啪声。这种噪声在老式黑胶唱片和现场录音等的录制中比较常见。检测和更正设置用于查找咔嗒声和爆音。检测和拒绝范围以图形方式显示，绿色曲线表示检测，红色曲线表示拒绝。

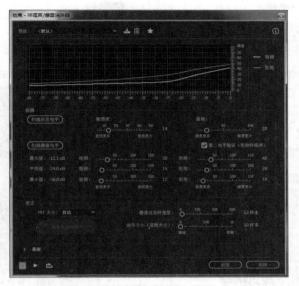

图 6-9　咔嗒声/爆音消除

（6）"降低嘶声"（见图 6-10）效果器可减少录音带、黑胶唱片或麦克风前置放大器等音源中的嘶声。如果某个频率范围在称为噪声门的振幅阈值以下，该效果可以大幅降低该频率范围的振幅。高于阈值的频率范围内的音频保持不变。如果音频有一致的背景嘶声，则可以完全去除该嘶声。

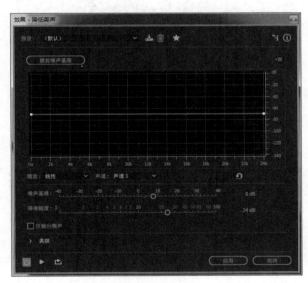

图 6-10　降低嘶声

小白：终于明白了这些效果器的含义，那具体怎么使用呢？

黄总监：我以自适应降噪为例给你演示一遍，其他的效果器你自行尝试。

小白：好的。

黄总监：下面是具体的操作步骤。

步骤 1：导入素材，双击该区域或用单击鼠标右键，单击"导入"选项，然后单击"打开"按钮导入素材。

步骤 2：单击"效果"→"降噪/恢复"→"自适应降噪"选项，如图 6-11 所示。

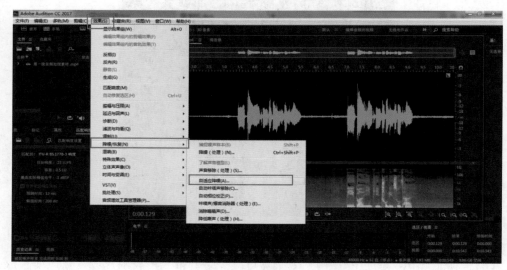

图 6-11　自适应降噪

步骤 3：预设可以自行尝试不同效果的降噪，这里选择"（默认）"，如图 6-12 所示。

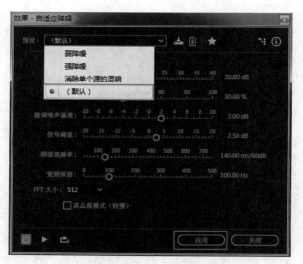

图 6-12　自适应降噪预设

步骤 4：降噪完成，对比之前未降噪的频谱图，可以发现前面噪声减少了许多，如图 6-13 所示。

步骤 5：降噪背景噪声后，发现仍然有一些突发噪声，比如喇叭声、鼠标点击声等，单击"污点修复画笔工具"选项，如图 6-14 所示。

步骤 6：在有突出噪声的频谱上画一画，就可以消除这里的多余频率，即噪声，如图 6-15 所示。

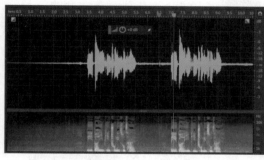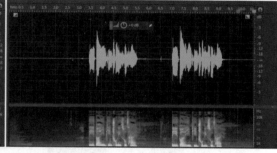

图 6-13　自适应降噪效果

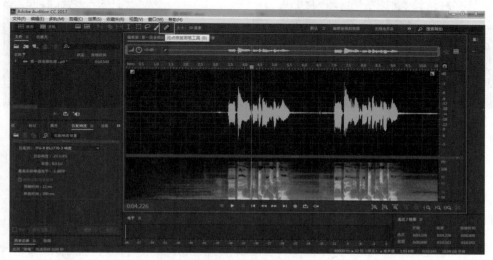

图 6-14　污点修复画笔工具

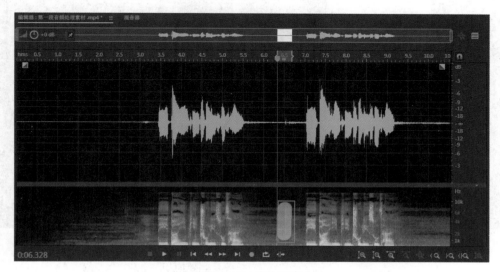

图 6-15　消除噪声

步骤 7：还可以直接选中有突出噪声的地方，单击"静音"选项，这部分的声音就会被完全静音，如图 6-16 所示。

图 6-16　静音

黄总监：但相对来讲还是步骤 6 比较好，因为步骤 7 只是去除了尖锐噪声，可以保留底音，如果将某一块全部静音，整体听起来会有些违和。

此外，还可以使用 AU 自带的诊断功能来帮助我们改善音频的环境。

步骤 8：单击"效果"→"诊断"→"杂音降噪器"选项，如图 6-17 所示。

图 6-17　杂音降噪器

步骤 9：左侧显示出杂音降噪器，单击"扫描"按钮，如图 6-18 所示。

步骤 10：扫描完成后，单击"全部修复"按钮，如图 6-19 所示。

图 6-18　扫描杂音

图 6-19　全部修复

小白：学到了，我要好好练习一下这部分内容。

（三）声音后期特效技巧

黄总监：小白，接下来为你介绍人声添加混响效果的简易方法。混响效果器是人声后期处理中最能为人声增加色彩的效果器，它能够让我们的声音听起来像是从不同空间中传来的，比如空旷的大厅、中型音乐厅、小型排练室等。

步骤1：将音频切换至"多轨"页面，新建多轨会话，如图6-20所示。

图 6-20　新建多轨会话

步骤2：将音频素材拖曳至轨道1，单击音频素材，单击"轨道"→"添加立体声总音轨"选项，如图6-21所示。

步骤3：选中新建的立体声总音轨，将其命名为"混响"，在效果组面板中单击轨道2右侧三角箭头，单击"混响"→"完全混响"选项，如图6-22所示。

图 6-21　添加立体声总音轨

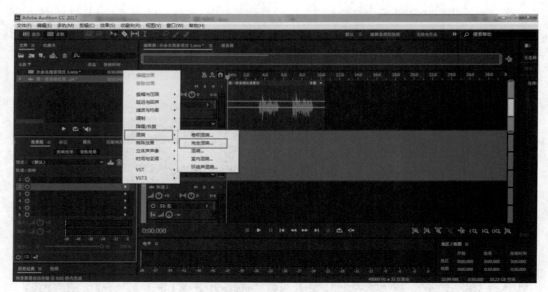

图 6-22　"完全混响"效果器

步骤 4：根据想要的理想效果，在"完全混响"效果器的预设中选择合适的预设，如图 6-23 所示。

步骤 5：选中人声所在音轨，单击多轨编辑器中的"发送"按钮，使音轨的空间切换到发送设置，如图 6-24 所示。

步骤 6：打开人声音轨第一个发送栏的发送开关，然后单击第一个发送栏，在弹出的菜单中，选择"混响"，如图 6-25 所示。

步骤 7：单击人声音轨第一个发送栏下方的发送量按钮，播放并试听效果，直到得到满意的混响效果为止，如图 6-26 所示。

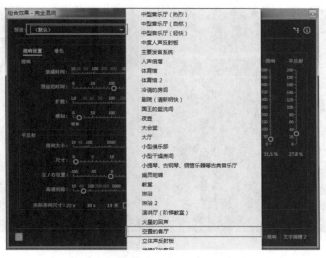

图 6-23 "完全混响"效果器预设

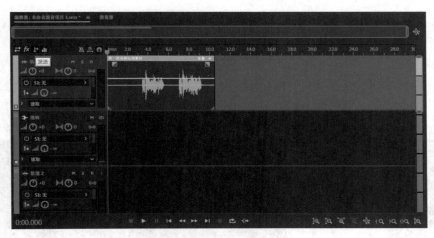

图 6-24 切换音轨空间

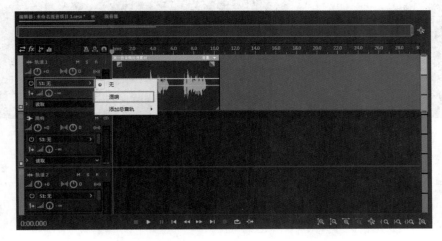

图 6-25 选择"混响"音轨

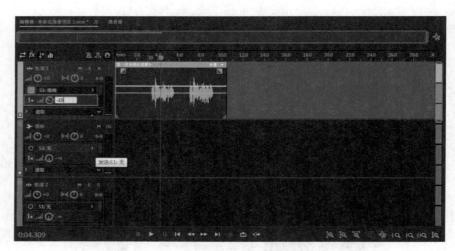

图 6-26　调节发送量

小白：哇，原来混响是这样添加的。

黄总监：再教给你一个小技巧，很多网络主播都会对解说的声音做一些升高音调的处理，例如"Papi 酱"的短视频就使用了这一手法。那么我们自己如何制作这种声音呢？在 AU 中，可以使用"伸缩与变调"效果器来实现这一功能。

步骤 1：在波形编辑器中打开音频文件，单击"效果"→"时间与变调"→"伸缩与变调（处理）"选项，如图 6-27 所示。

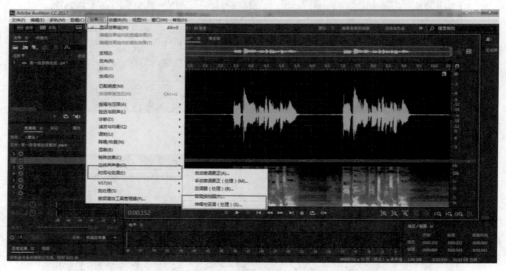

图 6-27　伸缩与变调（处理）

步骤 2：在效果器的预设下拉菜单中，选择"升调"，如图 6-28 所示。

步骤 3：根据个人听感调整"伸缩""变调"参数。例如，要将音频缩短为其当前持续时间的一半，可将伸缩值指定为 50%。"变调"参数的值越大，音调升高的幅度越大，如图 6-29 所示。

小白：太棒了！我正好想问这个呢！

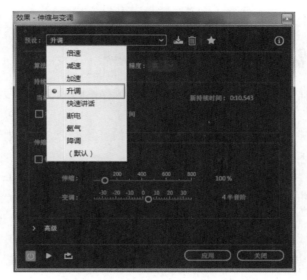

图 6-28 选择升调

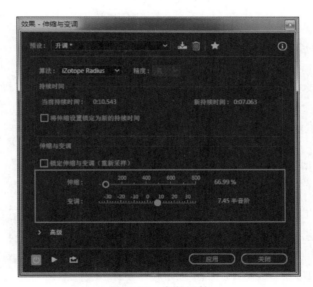

图 6-29 参数调整

项目六 6-1 声音后期技巧

同步自测

1. 在 Audition 中选择整个音频区域的快捷键是（　　）。

A. Ctrl+A　　　　　B. Ctrl+L　　　　　C. Ctrl+N　　　　　D. Ctrl+Z

2. Audition 共提供（　　）个剪贴板，用来暂存不同的音频片段。

A. 6　　　　　　　B. 5　　　　　　　C. 4　　　　　　　D. 3

3. 在 Audition 中想要使让复制的音频与现有的音频混合，应选择混合粘贴的类型是（　　）。

A. 插入　　　　　　B. 覆盖　　　　　　C. 调制　　　　　　D. 重叠

4. 在 Audition 中选择"编辑"→"插入"→"静音"后，此时会弹出一个对话框，显示静音的（　　）。

A. 长度　　　　　　B. 强度　　　　　　C. 振幅　　　　　　D. 声道

5. 传输按钮组中，"将播放指示器移到下一个"按钮的快捷键是（　　）。

A. Ctrl+左箭头　　　B. Ctrl+右箭头　　　C. Ctrl+上箭头　　　D. Ctrl+下箭头

6. 平视显示器（HUD）是指修改音频的（　　）。

A. 音量　　　　　　B. 频率　　　　　　C. 长度　　　　　　D. 振幅

二、短视频剪辑节奏

黄总监：接下来，我将带你更深入地了解剪辑背后的逻辑，也就是剪辑的节奏。

小白：非常期待。

（一）节奏的概念

课件

黄总监：你对剪辑节奏了解多少呢？

小白：网上对此的解释是："节奏是一种有规律且连续完整的运动形式，节奏的变化体现影视作品的艺术之美。影视作品的节奏是将影视作品结构、镜头长度等元素进行重新架构，形成一种规律，以符合作品要展示的内涵。"这么长的解释感觉有点复杂，您可以简单地说一下吗？

黄总监：节奏本身是带有规律的变化过程，是带动观众情绪的一个核心。节奏的变化是视频的灵魂，也是短视频后期剪辑的重要依据。

小白：哦，节奏就是视频的领导者。

黄总监：可以这么说，但不绝对。节奏是短视频制作的一种重要手段，贯穿起短视频各个片段。最大程度地使用节奏可以使观众产生互动感，制作出有故事性、有深度的作品。但是过犹不及，如果混乱地使用节奏则易使观众产生烦躁心理。

小白：懂了，谢谢黄总监。

（二）短视频的节奏

小白：具体地讲，短视频的节奏是什么呢？

黄总监：短视频的节奏主要是视听艺术的一种表现形式，所以包含两方面，即音频节奏和视频节奏。我们常说的视频节奏就是将这两方面节奏组合起来使视频达到视听一致，这样形成的短视频，内容更具舒适感，画面更加流畅，意义和互动感更强。

小白：原来如此。

（三）短视频中节奏的控制与使用

小白：那怎么去把握短视频中的节奏呢？

黄总监：节奏的把控分为两个阶段，在前期拍摄时要注意拍摄完成脚本上相应的素材，做好分类，分批拍摄，避免遗漏。在后期制作时将素材有节奏地组合出来，形成一条故事线，或感情线，或逻辑线。在镜头片段选择上，尽量体现有趣、环环相扣的效果。一定要注意避免视频片段的松散、混乱。

小白：快节奏和慢节奏怎样体现呢？

黄总监：慢节奏，可以用长镜头表现一个事情，放慢整体视频的速度，常用于表现叙事和情节的镜头。快节奏，可以通过加快镜头的切换速度来实现，常用于表现奔跑和情景急转的镜头。但是不要频繁使用快节奏，否则会让观众产生视觉疲劳。

小白：那怎样将慢节奏转换到快节奏而不显得突兀呢？

黄总监：选择一段由缓到急的音乐搭配视频，就可以实现视频节奏的转换。注意从快节奏到慢节奏时可以选择一段空镜头缓冲一下，不要抢时间。视频要留口气，调整视频"呼吸"节奏，既能减轻观众的视觉疲劳，又能起到承上启下的作用。抖音账号"下次见"的短视频剧情对节奏的处理与控制适当，其中有一条视频为"是谁的父亲，又是谁的儿子，在大千世界里，一样的活着"，获得286万次的点赞，如图6-30所示。

图6-30　"下次见"抖音账号

小白：懂了。

黄总监：节奏其实是个感性的东西，在理解节奏本身概念的基础上，一定要多剪辑多锻炼。你可以多尝试混剪，可以有效提升自己对节奏的理解。

（四）短视频镜头的组接与切分的规律和技巧

小白：短视频剪辑有什么规律和技巧呢？

黄总监：首先由一系列的镜头分层有规律地组合和切分，再通过脚本故事要求进行连贯组接，形成完整统一的短视频作品。知道了底层逻辑，接下来我们来了解几个视频剪辑方面的原则。

首先对于视频镜头，同一景别和画面内容一定要有区别，内容不要雷同，否则容易造成观众的视觉疲劳。其次对于相似动作，可以做成一个衔接的镜头，但是镜头与镜头之间一定要有互动性，这样连接起来视频看起来会更舒适。

小白：难怪有些视频看得停不下来，有些视频看起来却很枯燥，原来跟剪辑有这么大关系。

黄总监：对的，交代完一件事可以用特写镜头进行下一组视频的组接。

小白：具体怎么组接呢？

黄总监：我来介绍一下这些镜头间组接与切分的规律和技巧。

1. 编辑的基本原则

在后期剪辑过程中，同一景别的镜头不相连接，不能用同一景别切分镜头。相邻两个镜头的主体内容和景别要有区别，只有这样才能更好地表现作品，使观众看起来更舒适。

2. 相似动作的组接

将人物、动物、交通工具等对象的动作与主体运动中可衔接的动作组接在一起，将画面中相似的镜头组接在一起，这样可以更好地表达作品，使镜头节奏更流畅。

3. 镜头相互之间的连接

在短视频剪辑中，我们通常会使用动接动原则，即在组接与切换镜头时，如果前一个镜头主体是在运动或有运动趋势，那么下面一个组接的镜头主体也应该是做相似运动或有同样运动趋势的。这样可以使画面更流畅。这也是剪辑节奏的表现。

在短视频剪辑中，我们还会使用静接静原则，即在组接切换镜头时，如果前一个镜头主体是静止的或动作逐渐趋向于静止，那么下面一个组接的镜头主体也应该是静止的或是逐渐趋向于静止的。注意镜头起幅和落幅的设计要恰当，不能出现镜头视觉上的跳动。

4. 特写镜头的组接

在短视频剪辑中，我们也会用到特写镜头的组接，即将主体的某一局部或某个特写画面作为落幅，而后面通常会跟一个远景或全景镜头进行组接，以展示另一情节环境，从而在不知不觉中转换镜头场景和更换叙述内容。

5. 镜头间的因果关系

在短视频剪辑中，我们也会用到镜头间的因果关系，即通过镜头主体的变化，在下一个镜头主体出现时，让观众联想到上下画面的关系，起到呼应、对比、隐喻、烘托的作用。这些镜头的因果关系不仅可以是语言台词的因果转换，也可以是动作连接的因果转换，还可以是心理暗示的因果转换等。抖音账号"零号故事"短视频镜头的组接与切分到位，得到了464.5万粉丝的关注，如图6-31所示。

图6-31　"零号故事"抖音账号

小白：学到了，原来还有这么多技巧。

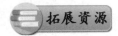拓展资源

项目六　6-2 短视频剪辑节奏

同步自测

1. 短视频剪辑中的（　　）节奏，可以用长镜头表现一个事情，放慢整体视频速度，常用于表现叙事和情节的镜头。

A. 快　　　　　　　B. 慢　　　　　　　C. 交错　　　　　　D. 反拍

2. 短视频剪辑中的（　　）节奏，可以通过加快镜头的切换速度来实现，常用于表现奔跑和情景急转的镜头。

A. 反转　　　　　　B. 暂停　　　　　　C. 慢　　　　　　　D. 快

3. 相似动作的组接是指将人物、动物、交通工具等对象的动作与主体运动中可衔接的动作组接在一起，将画面中相似的镜头组接在一起，这样可以更好地表达作品，使镜

头节奏更流畅。（　　　）

    A. √　　　　　　　　　　　　　　　　　B. ×

4. 我们常说的视频节奏就是将（　　　）和（　　　）这两方面节奏组合起来使视频达到视听一致，这样形成的短视频，内容更具舒适感，画面更加流畅，意义和互动感更强。

    A. 音频　　　　　　B. 视频　　　　　　C. 段落　　　　　　D. 章节

5. （　　　）是在组接与切换镜头时，如果前一个镜头主体是在运动或有运动趋势，那么下面一个组接的镜头主体也应该是做相似运动的或有同样运动趋势的。

    A. 静接静原则　　　B. 静接动原则　　　C. 动接动原则　　　D. 动接静原则

6. （　　　）是在组接切换镜头时，如果前一个镜头主体是静止的或动作逐渐趋向于静止的，那么下面组接的一个镜头主体也应该是静止的或是逐渐趋向于静止的。

    A. 静接静原则　　　B. 动接动原则　　　C. 静接动原则　　　D. 动接静原则

7. 特写镜头的组接是将主体的某一局部或某个特写画面作为落幅，而后面通常会跟一个远景或全景镜头进行组接，以展示另一情节环境，从而在不知不觉中转换镜头场景和更换叙述内容。（　　　）

    A. √　　　　　　　　　　　　　　　　　B. ×

三、短视频的色彩

（一）色彩原理

黄总监：你了解多少色彩原理呢？

课件

小白：我知道色彩具有三个基本特性：色相、纯度、明度。色相是色彩的整体面貌，是画面颜色的最初形式。纯度是颜色的鲜艳程度，也叫饱和度。纯度从高到低，是由鲜亮转变为灰度。明度则决定颜色的明暗程度。

黄总监：不错，这是基本的色彩原理。而我们视频中常用的是 RGB 颜色模式和 HSL 颜色模式，它们就是运用色彩的三个基本特性而形成的颜色模式。

小白：什么是 RGB 颜色模式和 HSL 颜色模式呢？

黄总监：我简单给你讲一下。

（1）RGB 颜色模式是一种色光的彩色模式，通过"R（红）""G（绿）""B（蓝）"三种基础颜色，对其进行色光相叠加而形成更多的颜色。RGB 颜色模式是颜色模式中的标准化，短视频后期调色主要运用 RGB 颜色模式。

（2）HSL 颜色模式，则是通过"Hue（色调）""Lightness（亮度）""Saturation（饱和度）"这三个参数的调整，以及相互之间的叠加而形成各种颜色。HSL 颜色模式相对更加细致，可以在软件中对每个分项参数进行调节，如图 6-32 所示。

（二）摄像中色彩的运用

小白：那在前期摄影中，该怎么运用色彩呢？

黄总监：一般在颜色搭配上常用以下几个技巧。

（1）单色环境时，通过改变饱和度、明度来构建画面，可以使拍摄的视频更有层次。

（2）相邻色或互补色，双色即以上的颜色搭配。在色环上，与某一颜色相邻的两种颜色称为相邻色，与某种颜色成180°的颜色称为互补色。合理地运用相邻色和互补色可以使整体不显得单调和呆板。

（3）对比色搭配，尤其是冷暖对比可以使画面达到震撼的视觉效果。哔哩哔哩账号"裹小脚的大叔"里有许多关于视频色彩的知识可以参考，如图6-33所示。

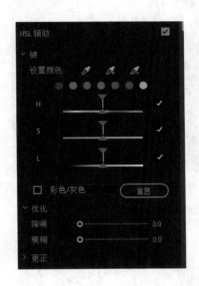

图6-32　Premiere调色中HSL辅助工具　　　图6-33　"裹小脚的大叔"哔哩哔哩主页

小白：好的，我懂了。那怎么把握调整的度呢？

黄总监：色彩调控是一种感性的东西，需要通过不断地积累经验来领悟。你可以欣赏与分析大量优秀作品的色调，不断地模仿和总结，提升自己对色调的感知力。

小白：那拍摄时怎么确定主题颜色呢？

黄总监：根据你所拍摄的内容主题来确定，一般来说红色代表活跃积极，蓝色代表清新、忧伤。当然，你可以关注色温，可以通过调整色温来对比确定整体风格。

小白：什么是色温呢？

黄总监：色温是光线所包含的颜色的衡量单位，是一种会影响人们对颜色的感知的东西。我们可以通过在摄影设备上调整白平衡来校正色温，色温越高，光线越趋于冷色调，比如蓝色；色温越低，光线越趋于暖色调，比如红色。

小白：明白了，谢谢黄总监。

（三）后期初级调色

小白：如果在拍摄中没有控制好颜色，后期可以调整吗？

黄总监：可以的，PR 软件自带 Lumetri 插件，可以对视频进行基础的调色。

小白：具体步骤是什么呢？

黄总监：下面是具体步骤。

步骤 1：导入视频素材，选择效果面板，如图 6-34 所示。

图 6-34 选择效果面板

步骤 2：在项目面板空白处单击"新建项目"→"调整图层"选项（注：这样便于对调色的范围进行调整），如图 6-35 所示。

图 6-35 新建调整图层

步骤 3：将项目面板的调整图层拖拽到时间轴的视频通道上，选中调整图层，效果面板选中"视频效果"，单击"颜色校正"选项，选中"LUT 颜色"拖到调整图层上，如图 6-36 所示。

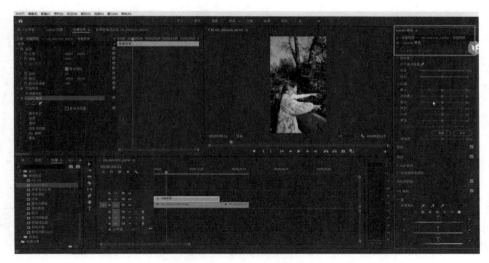

图 6-36　LUT 颜色面板

步骤 4：选择调整图层，在效果控件上对其"色温""曝光""对比度"等基础参数进行适应调整，如图 6-37 所示。

图 6-37　效果控件面板

步骤 5：在效果控件面板里找到 RGB 曲线，再单击曲线并对其进行拉拽（注：上面添加白色使视频亮度变亮，下面减少使视频亮度变暗），如图 6-38 所示。

步骤 6：这里叠加一条蓝色线，单击蓝色圆点，进行色彩叠加（注：如果不需要该参数，可以单击"重置参数"选项），如图 6-39 所示。

步骤 7：效果面板选择 HSL 辅助，对其色彩进行微调（注：H 是色度，S 是饱和度，L 是亮度），如图 6-40 所示。

步骤 8：通过拖视频末端，调整图层长度（注：控制长度是为了控制滤镜对视频的范围），如图 6-41 所示。

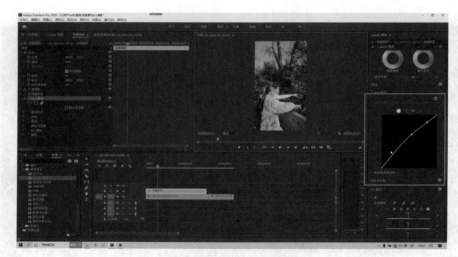

图 6-38　调整 RGB 曲线

图 6-39　RGB 曲线叠加

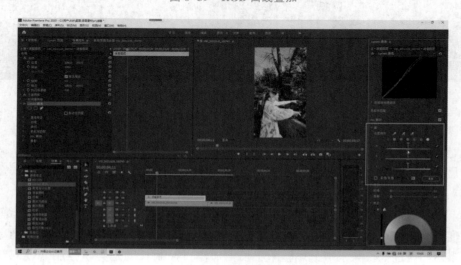

图 6-40　HSL 辅助

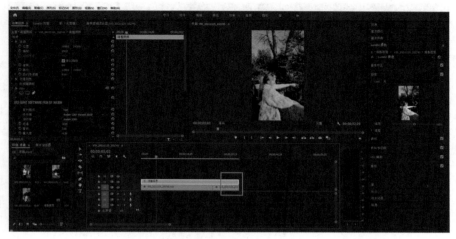

图 6-41　调整图层

（四）后期高级调色

小白：还有没有更高级的调色呢？

黄总监：更高级的调色可以使用 MagicBullet 插件。

黄总监：下面我带你了解 Premiere 调色插件 MagicBullet。

小白：好的。

黄总监：下面是具体步骤。

步骤 1：导入视频素材，新建调整图层，如图 6-42 所示。

图 6-42　准备工作

步骤 2：单击"效果控件"→"视频效果"选项，找到 RG MagicBullet 中的 Film 插件，拖曳 Film 到调整图层上，如图 6-43 所示。

步骤 3：选择素材格式，一般默认平面素材格式为 Flat，如图 6-44 所示。

步骤 4：选择负片库，根据视频效果选择合适的效果，如图 6-45 所示。

图 6-43　添加 Film 效果

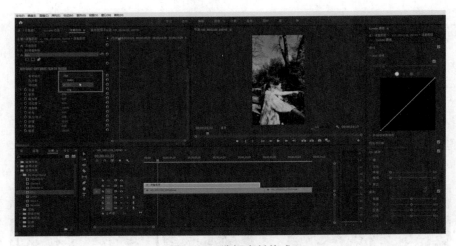

图 6-44　选择素材格式

图 6-45　负片库

步骤 5：根据视频想呈现的状态，适当调整色温或着色等基础参数，如图 6-46 所示。

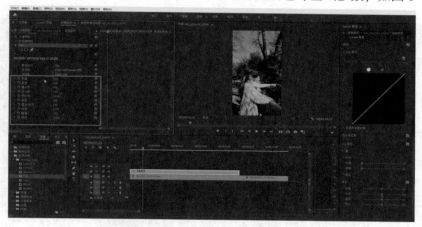

图 6-46　对 Film 基础参数进行设置

步骤 6：调整整体 Film 滤镜的强度，使视频滤镜更加贴合，如图 6-47 所示。

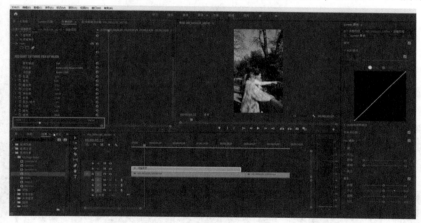

图 6-47　调整 Film 强度

步骤 7：添加 MagicBullet 中的 Mojo 插件，拖到新调整图层上，如图 6-48 所示。

图 6-48　添加 Mojo 插件

步骤 8：Mojo 插件预设（注：可根据视频添加其他任意预设效果），如图 6-49 所示。

图 6-49　Mojo 插件预设

步骤 9：对整体 Mojo 参数进行调整，左右拖曳，调整参数（注：这里的 Mojo 是整体 Mojo 参数的强弱调整，不包括"校正"和"强度"调整），如图 6-50 所示。

图 6-50　Mojo 强度调整

步骤 10：对视频的"阴影蓝绿色""饱和度""淡化"等参数进行调整，如图 6-51 所示。

黄总监：现在有许多的用户都是在手机里拍视频，用手机端的剪映进行调色也是可以的，我整理了一份关于手机调色的技巧，就放在下面的二维码内，你可以扫描学习。

小白：好的，用手机调色上传抖音平台很方便，学起来。

218

图 6-51　对 Mojo 详细参数进行调整

 知识园地

手机调色

 拓展资源

项目六　6-3 短视频中的色彩

同步自测

1. 明度是颜色的鲜艳程度，也叫饱和度，明度从高到低，是由鲜亮转变为灰度。（　　）

A. √ 　　　　　　　　　　　　　　　B. ×

2. （　　）颜色模式是一种色光的彩色模式，通过"红""绿""蓝"三种基础颜色，对其进行色光相叠加而形成更多的颜色。

A. HSL 　　　　　　B. JPG 　　　　　　C. JIF 　　　　　　D. RGB

3. 在色环上，与某一颜色相邻的两种颜色称为相邻色，与某种颜色成 180° 的颜色称为互补色。（　　）

A. √　　　　　　　　　　　　　　B. ×

4. 色温低，光线越趋于冷色调，比如蓝色；色温越高，光线越趋于暖色调，比如红色。（　　）

A. √　　　　　　　　　　　　　　B. ×

5. HSL 颜色模式中，H 表示（　　），S 表示（　　），L 表示（　　）。

A. 亮度、饱和度、色调　　　　　　B. 饱和度、色调、亮度

C. 色调、饱和度、亮度　　　　　　D. 亮度、色调、饱和度

6. 在 Audition 应用中，将项目面板的调整图层再拉一个到原来的调整图层上，可以实现滤镜的叠加使用。（　　）

A. √　　　　　　　　　　　　　　B. ×

7. 单色环境时，通过改变饱和度、明度来构建画面，可以使拍摄的视频更有层次。（　　）

A. √　　　　　　　　　　　　　　B. ×

任务发布

1. 任务背景

党的二十大报告指出要"用好红色资源，深入开展社会主义核心价值观宣传教育，深化爱国主义、集体主义、社会主义教育，着力培养担当民族复兴大任的时代新人"。名人故居，在世界各国都是一种文化标志和宝贵遗产。学史可以明智，历史人文教育是一种综合性的素养教育。历史的生命和现代价值就在于它可以使人们拥有一个很高的起点，高瞻远瞩、进退自如地迎接新时代的挑战。挖掘人文历史资源，弘扬民族文化和精神，品味大师的伟大人格，是提高大学生人文素质和科学素质最直接、最现实的教育途径。同时，名人故居，是一枚枚印在城市文化地图上的符号，承载的是文化，传承的是精神，也是当前社会加强文化建设的重要载体。

黄总监：小白，我们现在有一个马寅初故居的项目，这个项目的主要任务是宣传杭州名人故居，宣扬前辈的感人事迹，号召我们年轻一代人跟随前辈的足迹前进，自强不息、凝心聚力，奋进新征程。项目的主要内容是讲述一位热爱传统文化的女游客在马寅初故居游玩的感悟，在这种文化的熏陶中忘却城市的喧嚣，让观众切身体会人文文化的魅力，感受前辈留给我们的宝贵精神财富。

小白：是要交给我来做吗？

黄总监：对，需要你按照流程制作旅游短视频，团队提供拍摄用的专业手机、支架、无人机、稳定器、布光器械、收音器械等。后期再用你学过的 PS、PR、AU 等软件进行合成制作。

2. 剧本和拍摄脚本的编写

黄总监：我们前期先对该景点的历史、地理以及拍摄角度和模特选角进行调查与研究，通过查阅文献资料以及在网络上学习，编写文案。

<h2 align="center">马寅初故居脚本（普通话）</h2>

古宅的文化气息，小路的清雅宁静，仿佛回到了小时候，安静、惬意，这正是我来到这里的最好收获。我只是一名普通的游客，平时在工作之余我便喜欢一个人，带着一把凉伞，游访杭州的一点一滴，好像这里的大街小巷都有独属于自己的回忆。习惯了城市的喧嚣，才能更好地感受杭州独特的人文气息。我来到这里——马寅初的故居。马寅初是近代著名的人口学家，号称"中国人口学第一人"，曾经在浙大担任校长。走进古宅内，一股文化气息便扑面而来，这便是工作之余对自己最好的嘉奖吧。

首先要准备好分镜内容，然后再高质量高品质地进行拍摄。通过精准的叙述性的故事，让观众体验感更好。分镜头脚本如表 6-2 所示。

表 6-2　分镜头脚本

序号	旁白	别景	摄影机运动	镜头内容
1	古宅的文化气息	全景	移动	树林、房子
2	小路的清雅宁静	中景	微摇	铁门
3	仿佛回到了小时候	全景	移动	跟模特走动
4	安静、惬意	全景	固定镜头	景物
5	这正是我来到这里的最好收获	远景	微摇	模特打伞
6	我只是一名普通的游客	全景	移动	模特打伞朝门走
7	平时在工作之余我便喜欢一个人，带着一把凉伞	全景	移动	模特打伞散步
8	游访杭州的一点一滴	全景	移动	房子
9	好像这里的大街小巷	全景	固定镜头	模特打伞从小路走近房子
10	都有独属于自己的回忆	中景	移动	模特打伞走过
11	习惯了城市的喧嚣	中景	移动	马寅初雕像
12	才能更好地感受杭州独特的人文气息	全景	移动	模特看马寅初的伟绩
13	我来到这里——马寅初的故居	全景	移动	模特正面走来
14	马寅初是近代著名的人口学家	全景	固定镜头	模特摸玻璃柜，看向墙
15	号称"中国人口学第一人"，曾经在浙大担任校长	中景	移动	模特慢慢走向墙上的字
16	走进古宅内，一股文化气息便扑面而来	全景	固定镜头	模特打开窗户
17	这便是工作之余	中景	固定镜头	模特进门
18	对自己最好的嘉奖吧	全景	固定镜头	模特走出门

3. 旅游宣传片素材拍摄

本项目我们运用了跟、拉、平移、推、摇、固定等拍摄手法，为了更好地展示马寅初故居的风景以及人文文化，我们主要运用了全景和中景的景别，拍摄了女游客游玩马寅初故居的各个场景。

素材

4. 同期声处理和字幕制作

为了更好地宣传名人故居，用杭州方言来展示旁白，这样可以让观众在了解名人故居的同时，更好地保护地方方言。旁白用专业的收音设备和 AU 软件进行收音和录制，并对其进行降噪，字幕通过 PS 来制作，并保存为 PNG 格式供以后使用。

马寅初故居脚本（杭州方言）

老房子的文化气息，清雅宁静的弄堂里，好像回到了小时光，安静、惬意，这就是我来这里的顶大的收获。我只不过是一名普通的游客，平时光在工作之余我就欢喜一个人，带着一把凉伞，来动杭州城里巷荡荡儿，好像这里每一条弄堂都有属于自己的回忆。习惯了城市的毛吵，才能更好地感受杭州独特的人文气息，我来到这里——马寅初的故居。马寅初是近代相当有名的人口学家，号称"中国人口学第一人"，还来动浙大当过校长。走进老房子里头，一股浓郁的文化味道扑面而来，这个大概就是工作有空时光，对自己顶好的奖励吧。

（1）字幕 PS 制作处理步骤。

字幕 PS 制作处理步骤

步骤 1：先"新建画布"，再"调整相应参数"，单击"创建"按钮，如图 6-52 所示。

步骤 2：单击"创建新图层"按钮，再选择"直排文字工具"，如图 6-53 所示。

步骤 3：调整文字的字体、颜色等各参数，输入旁白的内容，如图 6-54 所示。

步骤 4：把字幕另存为 PNG 格式，存储到专门的字幕文件夹内。后续文字字幕重复此操作步骤，完成后保存，如图 6-55 所示。

图 6-52　新建画布

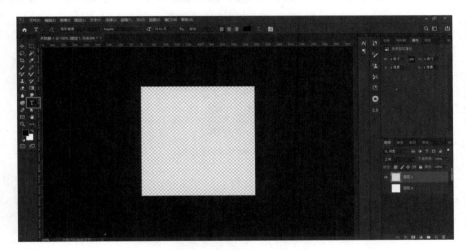

图 6-53　选择直排文字工具

图 6-54　调整文字

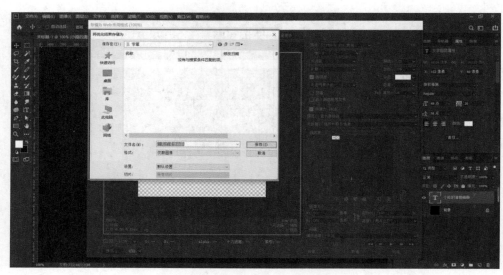

图 6-55　文件重命名保存

（2）声音 AU 制作处理步骤。

声音 AU 制作处理步骤

步骤 1：双击素材空白区，选择导入素材。

步骤 2：选择需要降噪的部分，按住"Shift+P"快捷键进行降噪，在弹出来的对话框中单击"确定"按钮，如图 6-56 所示。

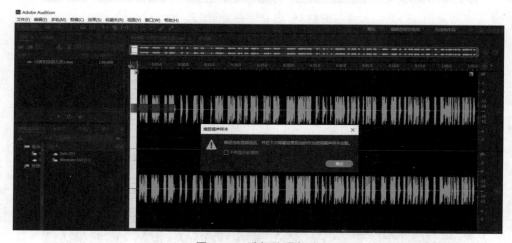

图 6-56　选择降噪部分

步骤 3：按住"Ctrl+A"快捷键全部选择，按住"Ctrl+Shift+P"快捷键进行降噪，设置好降噪参数，单击"应用"按钮，如图 6-57 所示。

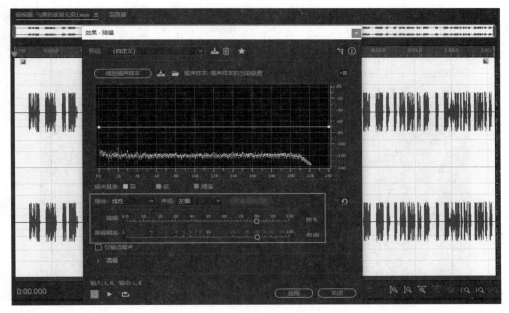

图 6-57　选择降噪参数

步骤 4：单击"窗口"→"匹配响应度"选项，设置匹配响应度，如图 6-58 所示。

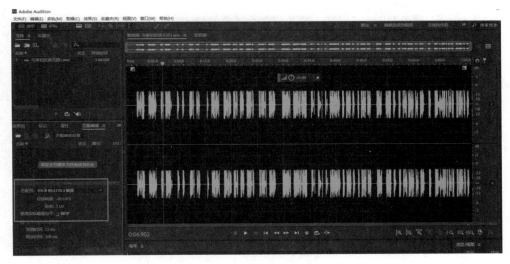

图 6-58　匹配响应度

步骤 5：按住"Ctrl+Shift+E"快捷键导出音频，保存到音频位并以项目名命名。

5. 短视频的剪辑与特效合成

短视频的剪辑与特效合成

步骤1：单击"文件"→"新建项目"选项，再输入名称（以项目名字命名），如图6-59所示。

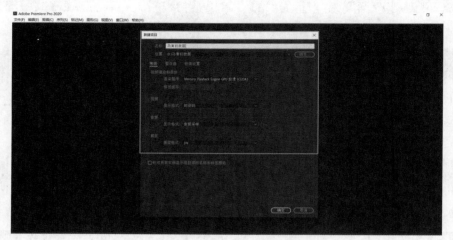

图6-59 新建项目

步骤2：双击"素材面板"选项，导入所有的素材，并把每个素材拖入对应视频时间轴的时间点，如图6-60所示。

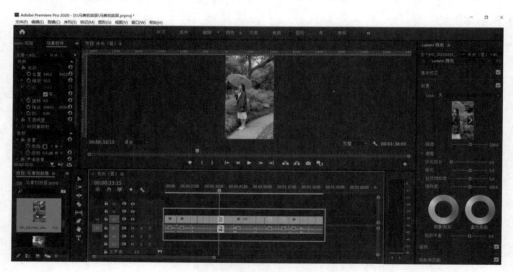

图6-60 在时间轴上加入素材

步骤3：选中所有视频，单击鼠标右键→"取消链接"选项，并删减原视频音频，如图6-61所示。

步骤4：根据分镜头脚本，编辑素材，如图6-62所示。

步骤5：在时间轴上加入旁白配音素材与背景音乐，并进行编辑处理，如图6-63所示。

步骤6：单击"颜色"面板，选中视频，通过"LUT颜色"面板进行调色，如图6-64所示。

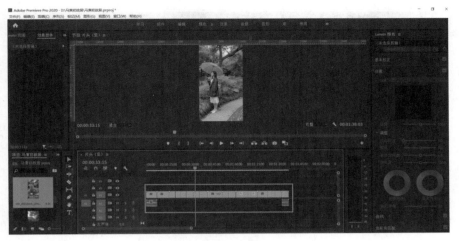

图 6-61　删除音频

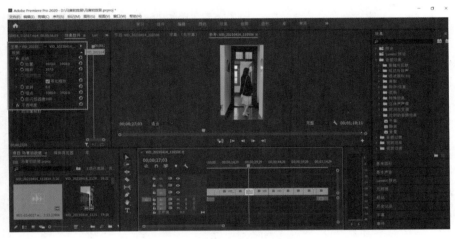

图 6-62　编辑视频素材

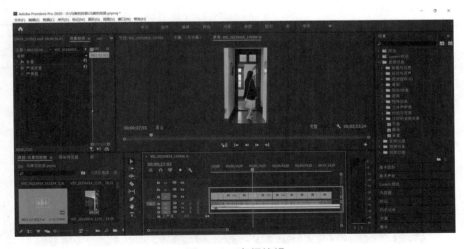

图 6-63　音频编辑

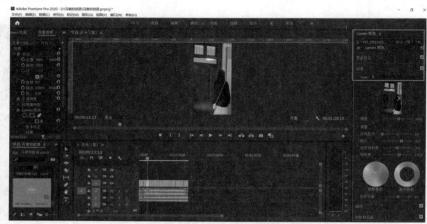

图 6-64　LUT 颜色

步骤 7：导入 PS 制作的 PNG 图片字幕，选中图片字幕拉入原视频时间轴上，并调整大小与位置，如图 6-65 所示。

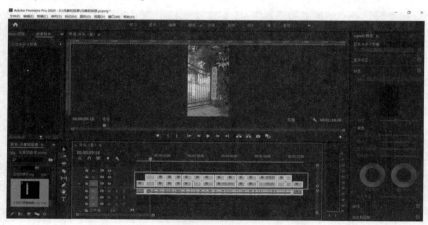

图 6-65　导入字幕

步骤 8：导入 MG 动画视频，选中视频拉入视频时间轴，如图 6-66 所示。

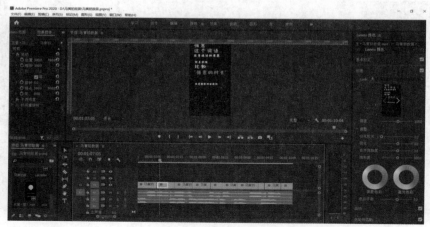

图 6-66　导入 MG 动画视频

步骤9：导出最终成品，如图6-67所示。

图6-67　导出最终成品

6. 最终作品

最终作品

任务拓展

制作一个旅游景点短视频

1. 背景

黄总监：小白，教了你这么多，你为盖叫天故居制作一个短视频吧。

小白：好啊好啊。

黄总监：盖叫天故居按原貌修复，陈列盖叫天遗物和图文资料。故居外观白墙青瓦，为典型的江南民居建筑风格，内部由门厅、正厅（百忍堂）、后厅（艺人之家）、左右厢房（盖叫天纪念馆）、佛堂等建筑组成，是一个独特、完整的私家宅园。盖叫天一生大多数时间生活于此，平日不仅在院内练功、唱戏，而且在此接待过梅兰芳、周信芳等著名同行艺人。周恩来、陈毅等老一辈革命家也曾来此拜访。故居不仅见证了盖叫天本人的生活经历，而且见证了近代戏剧发展的一些片段以及老一辈革命家对艺术家的尊敬和关怀。

小白：早就有所耳闻，我要借此机会好好去探访一下。

2. 任务内容

黄总监：游玩可不能忘了正事，编写剧本和拍摄脚本、拍摄素材、处理音频和字幕、剪辑与特效合成这些事情都要做。

（1）介绍盖叫天的从艺经历和艺术成就、盖派艺术，突出此处景点的人文特色。

（2）按照门厅、正厅、后厅、左右厢房、佛堂的空间顺序进行拍摄，展示白墙青瓦的典型江南民居建筑风格。

（3）拍摄故居内陈列的盖老遗物，结合历史故事，揭秘变迁与传承，增加视频内容兴趣点，延长观众驻留时间。

（4）若有余力，可继续对故居旁的戏亭进行展示，穿插简短有效的介绍，增加观众好感、吸引粉丝。

小白：明白，我一定好好制作盖叫天故居的短视频。

3. 任务安排

本任务是一个团队任务，要求成员运用以上讲解过的知识分工协作完成，时间为7天，完成后上交"盖叫天故居拍摄分镜头脚本"与"盖叫天故居短视频最终成片"，并做好交流的准备。

素养提升

党的二十大报告指出要"坚持以文塑旅、以旅彰文，推进文化和旅游深度融合发展"。在互联网+时代，短视频App迅速发展，用户数量逐渐增加。短视频不仅是简单记录生活，而是开阔眼界、丰富生活的方式。短视频具有短、新、快、奇等特点，逐渐成为旅游行业的营销手段。通过在短视频平台展示，很多不为人知的旅游景区成为热门景区，提高了知名度。旅游短视频催生了旅游"新经济"，对宣传旅游业发挥了巨大的作用。

如抖音账号"文旅常州"，其短视频主要涵盖了常州城市形象的符号表达，即风景文化符号、非遗文化符号、美食文化符号和住宿文化符号。截至2022年12月，该账号共发布157条短视频，累计粉丝数已达12.5万人，获赞数已达105万次，具有相当大的代表性与流量基数。借助短视频这一媒介形态，"文旅常州"以常州的风景名胜、非物质文化遗产、美食住宿、旅行活动等为符号，将呆板静态的图文宣传转变为活泼生动的视频传播，通过线上点赞、转发、评论等互动方式，加大了常州城市旅游的宣传力度，为常州城市文化的推广与城市形象的建构开辟了新的道路。

"文旅常州"通过发布常州历史文化景点，扩大了常州的城市影响力，吸引着全国乃至世界各地的人们来到常州，一睹在青果巷中隐藏着的半部常州发展史，承载着常州浓郁历史记忆和古往今来常州人的历史情结。

旅游短视频不仅要注重本土文化的融合，还要注重底蕴输出。线上推广可以通过网络达人的短视频宣传，线下游客打卡，形成双向循环的生产力。同时，需要合理引导短视频创作者创作出优质内容，短视频平台加大网络监管力度，严格审核短视频内容，防止因劣质短视频的流入而造成不利的影响。

当下社会媒介行为已经出现明显的去中心化趋势，全媒体时代的媒介实践已融入了网友的日常生活。短视频更是移动互联网环境下旅游宣传的绝佳平台。通过短视频，对本地景点、文化、特产进行挖掘与宣传，可以在短时间内吸引游客观赏景点、打卡美食，从而拉动产业发展，产生经济价值。

思维导图

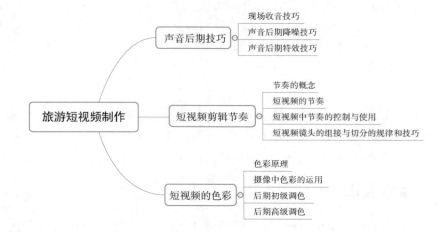

课程测试

1. 单选题

（1）适合进行短视频调色的软件是（　　　）。

A. Adobe PhotoShop

B. Adobe Premiere Pro

C. Final Cut Pro

（2）在短视频录音中，降噪是（　　　）。

A. 增加噪声的音频效果

B. 减少噪声的音频效果

C. 增加音频的音量

D. 减少音频的音量

（3）下列工具可以用于降噪短视频的音频的是（　　　）。

A. Adobe PhotoShop

B. Adobe Premiere Pro

C. Final Cut Pro

D. AU

（4）短视频镜头间的组接是指（　　　）。

A. 将多个镜头拼接在一起形成一个场景

B. 将多个镜头按顺序排列形成一个连续的剧情

C. 在一个镜头中移动相机以达到平滑过渡效果

D. 将多个镜头的画面交叉叠加在一起形成一个特殊效果

（5）短视频切分是指（　　　）。

A. 将一个视频分成多个片段进行编辑

B. 在一个镜头中移动相机以达到平滑过渡效果

C. 将多个镜头的画面交叉叠加在一起形成一个特殊效果

D. 将多个镜头按顺序排列形成一个连续的剧情

2. 判断题

（1）短视频调色可以改变视频的色调和对比度。　　　　　　　（　　　）

（2）录音时，降噪可以完全去除所有噪声。　　　　　　　　　　　　（　　）

（3）短视频的音频处理可以使用音频编辑软件来进行。　　　　　　　（　　）

（4）镜头间的组接可以通过剪辑软件来实现。　　　　　　　　　　　（　　）

（5）切分是将一个视频分成多个片段进行编辑。　　　　　　　　　　（　　）

（6）镜头切分可以用于改变视频的色调和对比度。　　　　　　　　　（　　）

（7）切分可以通过剪辑软件来实现。　　　　　　　　　　　　　　　（　　）

3. 简答题

（1）户外拍摄时的录音技巧有哪些？

（2）短视频镜头间组接与切分的规律是什么？

（3）简述使用 Premiere 进行视频后期调色的流程。

综合实训

黄总监为了让小白更深刻地理解旅游短视频中的声音后期技巧和视频调色等内容，通过实训来进行练习。

1. 实训目标

根据前面所学的内容，以"我所在地方最美的旅游景点"为主题，制作短视频。

2. 实训内容

（1）策划以"我所在地方最美的旅游景点"为主题的短视频。

（2）利用自己拥有的拍摄器材，包括手机、相机等，拍摄构思好的短视频内容。

（3）学习并利用相关的制作软件完成短视频后期声音处理、剪辑和调色等相关工作。

（4）将制作好的短视频上传到短视频平台。

3. 实训要求

（1）在制作的过程中查漏补缺，学习自己不擅长的拍摄、剪辑等技能。

（2）上传短视频之后注意观察短视频的播放量，分析短视频可能存在的不足之处。

项目七　剧情短视频制作

📥 项目导入

经过一段时间的学习，小白已经能够熟练地制作商品宣传、探店和旅游类短视频了。

黄总监：小白，李导演和王摄像都夸你制作的旅游短视频，说你学得非常到位。

小白：是您指导得好，我才学得好。

黄总监：不用谦虚，最后来教你一个有难度的短视频类型——剧情短视频。短视频时代，受众的注意力被切割，二倍速看剧成为生活常态，通过2个小时的起承转合来了解剧情脉络发展的耐心已然消磨殆尽。在此之下，短小精悍且看点十足的1分钟左右剧情类短视频俨然成为流量收割机。

小白：对，我就经常在抖音看剧情短视频，看得停不下来，真的太有意思了。

王摄像：拍摄剧情短视频时，镜头语言显得尤为重要，接下来我会教给你镜头对焦方面的知识。

小白：太好了，我早就想学这个了。

黄总监：不仅镜头语言重要，剧情短视频更重要的是创意和内容，各具特色的故事内核使剧情短视频的流量平均数值最高，成为最为强势的类目之一。

李导演：总的来说，剧情短视频的传播特征和叙事风格反映着新媒体环境下用户的需求，剧情短视频创作者应把握这种需求。同时，当巨大的洪流涌过后，更应该沉淀下来思考如何提升短视频质量，深度挖掘对行业来说真正有价值的信息。

知识准备

一、短视频的对焦

（一）短视频对焦的重要性

黄总监：对焦是成功拍摄的重要前提之一，准确对焦可以让主体在画面中清晰呈现，反之则容易出现画面模糊的问题，也就是所谓的"失焦"。如图 7-1 所示，拍摄时将焦点放在了第一块牛排的中间，所以其他的地方会虚化，这个画面给人一种美的享受。

课件

小白：对焦这么重要啊，那怎么对焦呢？

黄总监：首先，选定光线与被拍摄主体，完成构图操作。其次，通过操作将对焦点移至被拍摄主体上需要合焦的位置。例如，在拍摄人像时通常以眼睛作为合焦处。最后，半按快门启动相机的对焦、测光系统，并完全按下快门结束拍摄。在这个过程中，对焦操作能够保证照片的清晰度。

图 7-1　对焦拍摄的牛排

小白：我也是这么做的，可是拍出来的视频还是有点模糊，这是怎么回事呢？

黄总监：照片中细节的可分辨性即为清晰度，在一张照片中能够辨识出来的细节越多，画面看起来就越清晰。除了镜头的质量、所使用的光圈是否会产生衍射效应等因素外，对焦的质量对照片清晰度影响是最大的。除了物理性的清晰度外，还有一种是视觉感受上的清晰度，又被称为清晰感觉。对比度强的画面比对比度弱的画面给人感觉更清晰。清晰度会直接影响画面的表现效果，因此，任何一位成功的摄影师都必然具备精湛的对焦技术，能够在各种情况下精确对焦。

小白：我一定要好好练习对焦。

黄总监：不仅如此，你要注意对焦点与照片清晰区域之间的关系，对焦点决定了拍摄场景中焦平面的位置，同时也使照片的清晰与模糊区域出现了相对明显的分界线。拍摄者必须明白，当对焦点在场景中变化时，照片的清晰与模糊区域是如何变化的。只有这样，才能在照片的清晰区域出现在错误位置时，找到合适的解决方法。

小白：可以再详细说说吗？

黄总监：可以，这就涉及影响短视频对焦的因素了。

（二）影响短视频对焦的因素

1. 不适于充当对焦点的对象

黄总监：由于相机的对焦原理是基于对象间的反差，因此，被拍摄对象反差越大越容易对焦。例如，拍摄白纸上的黑字或黑纸上的白字均极易对焦，因为文字与背景的反差很大。但是，如果拍摄白纸上写的嫩黄色字或黑纸上写的深红色字时，则对焦难度将高于前者，因为文字与背景的反差缩小了。当拍摄的是一张没有内容的纸时，无论这张纸是什么颜色，均无法对焦，因为被拍摄对象上没有相机可以捕捉的反差细节。

因此，并不是所有对象都能够充当对焦点，没有反差或低反差的对象不适合充当对焦对象，如大块白云，纯净的水面、冰面、墙面，纯色的背景布等。在拍摄时应该尽量避免拍摄此类对象，或采用手动对焦的方法拍摄此类对象。

小白：是的，我明白了我拍干净的墙面总是失焦的原因了。

2. 重构图与失焦

黄总监：许多摄影爱好者都按先对焦、再调整相机位置重新构图的方法进行拍摄。但按此方法拍摄时，会发现拍出来的照片多多少少会出现主体模糊的情况。其原因是重新构图时，摄影爱好者会轻微地前后移动相机，这样的调整会改变合焦时确定的焦平面。如果拍摄时所使用的光圈较小，失焦的现象不会很明显，但如果使用较大的光圈拍摄景深非常浅的画面时，失焦现象会变得很明显。因此，完成对焦后如果需要重新构图，必须平行移动相机，不可前后移动相机，也不可倾斜相机。

小白：好的，我记住了，重新构图要水平移动相机。

3. 最近对焦距离

黄总监：最近对焦距离是指能够对被拍摄对象合焦的最短距离。也就是说，如果被拍摄对象到相机成像面的距离小于该距离，那么就无法完成合焦，即与相机的距离小于最近对焦距离的被拍摄对象将被全部虚化。在实际拍摄时，拍摄者应根据被拍摄对象的具体情况和拍摄目的来选择合适的镜头。如图 7-2 所示，这个画面拍摄的是人物的眼睛，用的是微距镜头。

小白：怪不得我用手机拍摄时离太近反而无法对焦。

图 7-2　微距拍摄的人物眼睛

（三）手动对焦和自动对焦

小白：黄总监平时都怎么对焦呢？有什么技巧吗？

黄总监：从被拍摄对象的角度来说，对焦点就是相机在拍摄时合焦的位置。例如，在拍摄花卉时，如果对焦点选在花蕊上，则最终拍出来的照片中花蕊部分就是最清晰的。从相机的角度来说，对焦点是在液晶监视器及取景器上显示的数个方框。在拍摄时，摄影师需要使相机的对焦框与被拍摄对象的对焦点准确合一，知道相机在拍摄时应该对哪一部分进行合焦。

小白：是点一下屏幕中间的点吗？

黄总监：对焦可以分为手动对焦和自动对焦。同一部相机，同一个拍摄环境，采用何种对焦模式，取决于摄影师的水平。对能熟练掌握对焦技术的人来说，手动对焦已经成为习惯动作，哪怕是抓拍飞翔的鸟儿，也能提前做出预判和变焦，及时获取最佳摄影效果。如果是一名新手，还不能自如应用手动对焦，那么在自动模式下，也可以成功抓拍一些画面，只是成功率会低一些。

1. 手动对焦

手动对焦，就是将镜头上的开关调到 MF 模式（或 M 模式），然后手动调节镜头上的对焦环直到画面清晰，如图 7-3 所示。

图 7-3　手动对焦

手动对焦通常是在需要非常精准对焦的情况下使用。

（1）当相机和被拍摄主体距离较近时，近到已经超过了镜头的最近对焦距离。镜头焦距不同，最近对焦距离也不同。

（2）当相机和被拍摄主体之间有密集障碍物时，比如栏杆、鸟笼、铁丝网、纱窗、玻璃等物体。因为障碍物比较密集，相机很容易对焦到前面的障碍物上。如图 7-4 所示，要拍摄这个画面，应把焦点定到鸡的眼睛上，而不应定到铁网上。

（3）逆光拍摄、镜头吃光时。当镜头对着光线（如太阳等）拍摄时，光线会大量进入镜头，从而迷惑了自动对焦的眼睛，眼睛会因看不清主体而导致对焦困难。但有时，逆光也能拍出很美的画面，如图 7-5 所示。

（4）在某些时候，我们想要故意拍摄虚化的照片，营造一种艺术氛围（专业的称呼为"散景"）。但自动对焦不懂我们的良苦用心，可以改为手动对焦模式来达到这种效果，如图 7-6 所示。

图 7-4　拍摄鸡的画面

图 7-5　逆光拍摄

图 7-6　虚化

（5）自定义白平衡时。白平衡是控制相机色彩是否准确的功能，最准确的设置是用自定义白平衡（尼康相机叫作预设白平衡）。在自定义白平衡时，需要拍摄一张灰板作为参考，在拍摄灰板时，相机会失焦，这时就要改为手动对焦来拍摄，然后，把灰板所拍摄的画面自定义为白平衡。

2. 自动对焦

自动对焦在相机中有三种对焦模式，分别为单次自动对焦、连续自动对焦和智能自动对焦。当使用自动对焦时，我们需要根据摄影情况从中选择合适的模式来摄影，以确保照片主体清晰。

（1）单次自动对焦。

在佳能相机里表示为"ONE SHOT"，在尼康相机里表示为"AF-S"。

单次自动对焦主要适用于静止物体。其使用方法很简单，你只需要拿起相机对准被拍摄物体，然后半按快门。在半按快门后，相机会自动对对焦点内的物体进行对焦，紧接着你只需要将快门全部按下，就能拍下一张对好焦的照片。

这一对焦模式还有一个非常有用的技巧。当你半按快门后，在听到"哔"一声时就意味着相机已经对好焦了。此时如果你上下左右移动相机，使被拍摄主体处于对焦点外，被拍摄主体依旧清晰可见，仍然对焦在被拍摄主体身上，相机并不会重新对焦。如图 7-7 所示，拍摄静态的画面很适合用单次自动对焦。

图 7-7 单次自动对焦

（2）连续自动对焦。

在佳能相机里表示为"AI SERVO"，在尼康相机里表示为"AF-C"。

与单次自动对焦不同的是，在半按快门后，连续自动对焦会对在对焦点内的所有物体持续地进行对焦。

连续自动对焦适用于移动物体，特别是正在靠近或远离相机的物体（相机与被拍摄物体的距离发生变化）。比如拍摄正在飞翔的鸟儿时，用连续自动对焦模式，相机就能持续地对焦在飞鸟眼睛上，如图 7-8 所示。

图 7-8 连续自动对焦

（3）智能自动对焦。

在佳能相机里表示为"AI FOCUS"，在尼康相机里表示为"AF-A"。

智能自动对焦相当于单次自动对焦和连续自动对焦的结合体。在使用智能自动对焦模式时，相机会自动根据拍摄情况决定到底是用单次自动对焦还是用连续自动对焦。

例如，当你在拍摄静止物体时，智能自动对焦就会将相机的对焦模式调整至单次自动对焦。而在拍摄运动物体时，智能自动对焦则将对焦模式调整至连续自动对焦。

小白：明白了这些内容，我就想拿索尼 A7S3 相机试一试。

（四）避免拍摄短视频失焦的方法

小白：我在拍摄初期焦点还是清晰的，主体一旦移动，相机立即失去了焦点，画面开始变得模糊。那如何才能拍摄一个焦点清晰的视频呢？

黄总监：我来告诉你几个方法。

方法 1：户外录制，建议使用相机云台辅助拍摄。

户外环境变化大，手持相机拍摄往往会有画面随着身体移动而出现剧烈抖动的情况。将相机装在云台上，利用云台运镜，可以保持画面稳定，同时能提升观众的观影体验。云台辅助拍摄如图 7-9 所示。

图 7-9　云台辅助拍摄

方法 2：录制前切换成 MF 模式，放大取景画面，检查焦点是否清晰。

自动对焦在拍摄过程中容易因焦点移动而录进自动对焦的马达声音。所以在拍摄相对静止的画面时，建议使用手动对焦进行拍摄。手动转动焦平面在主体身上，此时可以利用相机的放大功能，放大取景器画面，确保对焦框对准被拍摄主体后再按下录制按钮进行拍摄。

方法 3：拍摄运动人像，使用相机人脸追焦功能进行拍摄。

在经济允许的情况下，可以购买具有人脸追焦功能的相机。比如，索尼 A7S3、佳能 5D4 等。这里以索尼 A7S3 为例，如图 7-10 所示，打开人脸追焦功能操作如下。

（1）相机自动对焦模式选择"AF-C"。

（2）自动对焦区域模式选择"广域"。

（3）打开菜单页面找到"人脸/眼部 AF 设置"，将"人脸检测框显示"开启。

开启人脸追焦功能，相机对焦框会紧跟被拍摄主体脸部，摄影师只需要紧跟主体运镜即可。

方法 4：拍摄运动主体，需保持镜头与主体等距离跟拍。

倘若摄影师没有调焦功能的稳定器或手动追焦器，在跟拍运动镜头时，可以选择手动对焦，先把焦平面调整到主体位置，主体移动时摄影师操纵相机始终与被拍摄主体保持同等的距离来拍摄，这样就能保证主体清晰。建议使用稍微小一点的光圈拍摄，以此获得深景深，不建议使用大光圈拍摄。

图 7-10　人脸追焦的操作

这相当考验摄影师预判和掌控画面的能力。拍摄前，摄影师需要与模特进行沟通。沟通拍摄脚本可以提前预设模特行动的轨迹，便于把控拍摄路径。

方法 5：改变光圈数值进行拍摄。

大家都知道光圈系数影响景深深浅。大光圈，景深浅，画面背景虚化好。小光圈，景深深，画面清晰。景深是指画面前后清晰的范围。在拍摄运动物体的时候，不妨使用小光圈进行拍摄，从而使画面中的清晰范围变大，即便被拍摄主体发生一定程度的移动，也不容易出现失焦的情况。但此时需要注意画面构图，避免主体出现在画面边角，使画面失衡，主体不突出。

（五）运用对焦来讲故事

黄总监：对焦部分不同，表达的情绪和故事也就不同了。在用对焦讲故事时，我们肯定要将这个故事的主人公或故事的主线索当作画面中对焦的部分，而将画面中其余搭配的元素进行虚化处理。这样既可以突出主体，也能够使画面美观；既可以让用户看到故事，也能够欣赏到摄影技巧的魅力。

焦点可以揭示角色、内部和外部的情感，并使观众去思考或感受几种不同的情感，重点是强调所有这一切。它决定了观众的关注点和反应。

小白：可以举个例子说说吗？

黄总监：例如斯皮尔伯格在拍摄《大白鲨》时采用了滑动变焦的手法，当摄影机向后移动但向前变焦时，焦点的变化是背景会突然在尺寸和细节上变大，并压倒前景，也可能是前景压倒了它之前的设置。这都取决于滑动变焦的执行方式，可以有效操纵观众对物体相对大小的判断。这会造成一种非常令人不安的效果，摄影师利用它来改变场景的情绪。用这种方法，斯皮尔伯格记录下了 Brody 从在海滩上放松到意识到鲨鱼对附近所有人都构成了威胁的那一刻，如图 7-11 所示。

图 7-11　电影《大白鲨》片段

拓展资源

项目七　7-1 短视频中的对焦

同步自测

1. 以下属于影响视频对焦因素的有（　　　　）。

A. 重构图与失焦　　　　　　　　　　B. 摄像机型号

C. 不适于充当对焦点的对象　　　　　D. 最近对焦距离

2. 自动对焦在相机中有三种对焦模式，分别为（　　　　）。

A. 手动对焦　　　　　　　　　　　　B. 连续自动对焦

C. 智能自动对焦　　　　　　　　　　D. 单次自动对焦

3. 单次自动对焦在佳能相机里表示为（　　　　），在尼康相机里表示为（　　　　）。

A. AI SERVO、AF-C　　　　　　　　B. ONE SHOT、AF-S

C. ONE SHOT、AF-C　　　　　　　　D. AI FOCUS、AF-A

4. 以下属于避免拍摄视频失焦的方法有（　　　　）。

A. 云台辅助拍摄　　　　　　　　　　B. 改变光圈数值进行拍摄

C. 运动人像可用人脸追焦拍摄　　　　D. 保持镜头与主体等距离跟拍

5. 光圈系数影响景深深浅。大光圈，景深浅，画面背景虚化好；小光圈，景深深，画面清晰。（　　　　）

A. √　　　　　　　　　　　　　　　B. ×

6. 完成对焦后如果需要重新构图，必须前后移动相机，不可水平移动相机，也不可倾斜相机。（　　　　）

A. √　　　　　　　　　　　　　　　B. ×

7. 如果被拍摄对象到相机成像面的距离小于该距离，那么就无法完成合焦，即与相机的距离小于最近对焦距离的被拍摄对象将会被全部虚化。（　　　　）

A. √　　　　　　　　　　　　　　　B. ×

二、短视频剧情的内容创意

小白：怎么样才能打造出爆款短视频呢？我发到平台的短视频点击率很低。

黄总监：接下来就给你讲讲短视频中的剧情内容创意，想要打造爆款短视频，内容是最重要的。

课件

（一）短视频剧情要素

黄总监：剧情短视频最大的吸引力在于故事性，囊括三大核心要素：价值追求、人物成长与戏剧冲突。

1. 价值追求

价值追求表现为主人公的行动目标。在剧情短视频中，商品对主人公的价值追求起到"意义升华"与"目标推动"的作用。若缺少商品协助，主人公便无法顺利达成预期。即便主人公实现了目标，也将失去追求的终极意义。

在影视作品中，为了营造内在的戏剧冲突，主人公一开始往往并不清楚自己真正追求的目标是什么，编剧会通过一系列"意外波折"让主人公逐渐厘清头绪，明确人生意义。而剧情短视频不存在营造心理冲突的时间，通常在开篇就点明主人公的价值追求，就像抖音账号的"二更"第48集，讲述的就是这样的故事。

图7-12 抖音账号
"洁怡驾到"视频页面

2. 人物成长

罗伯特·麦基曾在《故事》一书中将人物转变称作"人物弧光"，意指人物在克服困难、实现目标的过程中，逐步完善人格缺陷，获得对人生目标的意义升华；也会有不少影片在结尾处将主人公置于万劫不复的绝境。它们都完整呈现了人物的心境转变，不管是正向的还是负向的。

3. 戏剧冲突

戏剧冲突分为外在冲突与内在冲突。外在冲突由人与环境的冲突以及人与人的冲突构成。内在冲突表现为人物的心理冲突。我们在抖音上经常刷到"反转类"故事题材，大部分是一种因信息错位造成的戏剧冲突。比如，抖音账号"洁怡驾到"第10集就是经典的"反转类"故事，如图7-12所示。

小白：剧情短视频的戏剧冲突来自哪里？

黄总监：好问题，接下来就给你讲讲这部分内容。

（二）剧情的冲突和悬念

（1）源于不可阻挡的自然外力。它指地震、洪水、飓风、海啸、暴雨等自然环境阻力远超主人公的影响范畴。比如，主人公起床后发现早春细雨连绵，阳台挂满未干的衣物，根本找不到能穿的衣服。幸好邻居买了某某牌烘干机，帮助自己解决衣物晾不干的难题。

（2）源于社会阻力造成的意外影响。它指因社会制度或陌生人造成的负面影响意外干扰到主人公的生活。比如，主人公与朋友们约好下班逛街，没想到商店关门，大家回家后都很失望。有人建议使用在线语音云逛App，足不出户畅享聚会式消费。

（3）源于目标"套娃"。它指主人公追求的目标经过层层揭露，最后发现不过是一个更大目标的子部分。

（4）源于信息错位。它指根据乔哈里窗格，每个人都活在信息不对称的象限里。很多人际冲突都是源于信息不对称所造成的理解偏差。

（5）源于个性缺陷。它指主人公的性格缺陷无意中成为目标追求路上的绊脚石。比如，主人公固执、认死理，到处得罪人，大家都不欢迎他。有一天，他推荐女同事在团建活动时使用某某防晒霜来阻挡紫外线，没人相信他。直到团队成员的肌肤被晒伤，只有主人公安然无恙时，大家才后悔没有使用该防晒霜。

（6）源于力量失衡。它指话语权的失衡，也暗指物理力量悬殊，容易引发弱者怨愤。

（7）源于对未知的恐惧。对未知的恐惧是人类的本能，容易导致两种行为极端——溃败或逃遁。比如，主人公经常在夜晚看到对楼住户出现"鬼火"，于是买了望远镜观察。他越看越觉得有问题，向物业举报有鬼。更可怕的是，主人公竟然开始做噩梦。为了阻挡厄运，他决定搬家。搬家当天，主人公在电梯偶遇对楼住户，对方正在给朋友推荐一款带蓝色夜光的按摩仪。

黄总监：越是引人入胜的剧情类短视频，其冲突层次越丰富，戏剧张力越强。

小白：我已经记录下来了，真的很重要啊。

（三）剧情创意的原则

小白：剧情创意中我需要注意些什么呢？

黄总监：剧情创意有四大特点，在创作时要注意"四要"和"五不要"。

（1）四大特点：①互动性，提高受众的参与度；②娱乐性，适应受众的生活需求；③快餐性，是快节奏市场的产物；④大众性，有利于扩大受众群体。

（2）四要：①提供价值；②生动有趣；③短小精悍；④主题明确。

（3）五不要：①广告色彩重；②弄虚作假；③过度润色；④哗众取宠；⑤以偏概全。

举个例子，抖音短视频平台从最初的视频时长15秒上升到15分钟，更加注重剧情的发展。短视频剧本的第一部分需要吸引用户的注意力，接着用反转等亮点，来引导用户继续观看，最后实现用户点赞关注的目的。想要吸引征稿方，剧本必须得抓住观众的痛点，给征稿方更高的阅读播放量。

而观众的痛点一般分为以下几种：

①信息：短视频作为一种信息的传播媒介，观众希望得到的自然是信息。

②观点：在一个剧本中你需要一个主旨观点并围绕其讲述故事。

③共鸣：只有戳中观众痛点，引起观众共鸣，才能让观众有继续往下看的欲望。

④冲突：短视频中人物之间的冲突是推进剧情发展的一个重要因素。

⑤好奇：随处可见的标题党就已经是最好的诠释了。

小白：好的，这样创作剧情短视频会更出彩。

（四）剧情创意素材的来源

1. 短视频创作的灵感

小白：拍短视频的灵感从何而来呢？

黄总监：对初学者来说，刚开始拍摄会没有头绪，这时可以去模仿，但要注意，这个模仿不是抄袭和搬运。模仿、借鉴别人的段子，看看哪个段子比较火，然后先模仿一下，这些都是自己积累经验的过程，做这些的目的是为以后创作更好的素材打基础。

此外，时刻关注身边的生活，可以对自己进行总结、提炼，最好养成写日记的好习惯，然后把精彩部分都创作成小短剧，这种短视频真实感很强，也是现在各大短视频平台比较重点关注的内容。

虽然我们不是文字创作，但还是要关注热点新闻，选择新闻热点话题，然后根据新闻话题改编成一个小段子，这个段子不限话题，与新闻内容相关即可，这样做点击率会很高。你也可以从电视剧或电影的精彩片段中找素材，把这些片段截取下来之后，改编一下，使之适合自己的风格，然后拍摄。

2. 短视频创作的选题

小白：怎么确定具体的选题呢？

黄总监：艺术来源于生活而高于生活，最重要的是观察生活。

（1）新闻媒体的热点事件，比如，高考、搞笑新闻等。

（2）符合人之常情的槽点，比如，多喝热水、妈妈觉得你冷、催婚等。

（3）借鉴当下流行或是曾经很火的段子，不介意"炒冷饭"或是新瓶装旧酒。

（4）电视剧经典桥段翻新，比如，抖音账号"霸王别急眼"等。

（5）借鉴综艺节目中的选题，比如抖音账号"名侦探小宇"。

（6）借鉴抖音平台热榜内容。

3. 创作参考的平台

小白：那有没有推荐的创作参考平台呢？

黄总监：有的，我给你推荐几个。

（1）句子控。句子控是一个语录收集网站，这个网站内容非常全面、丰富，对各类素材都进行了细分，可以查找名人名言、电影台词、动漫台词和小说摘抄等各类素材资料。无论是对文章还是对视频创作者来说，这个网站是创作者最佳的文案手抄本，如图7-13所示。

图 7-13　句子控网站

244

（2）皮皮搞笑。它是一个集幽默有趣以及神评论、粉丝黏度高为一体的 App，用户互动性强，上面集聚了很多网络热门内容，尤其适合做趣味类短视频的创作者收集素材。

（3）剧本网。这个网站很适合想拍摄剧情短视频的创作者。该网站的剧本素材比较多。很多电影和电视剧创作者也会从这个网站查找相关剧情素材，大家熟悉的很多短视频剧情素材都是从该网站找的，如图 7-14 所示。

图 7-14　剧本网

（4）原创剧本网。这个网站汇聚了小品、相声、微电影等众多拍摄剧本。对搞笑短视频创作者来说，该网站大量的素材，能为他们提供更加有意义的参考价值。不仅如此，该网站的短视频素材新鲜、有创意，是短视频创作者的重要灵感来源，帮助很多用户解决了短视频同质化严重的问题。

黄总监：分享完文字素材，我们再来说说视频素材应该如何找。除了自行拍摄之外，还可以从下面这些网站找二次混剪素材。

（1）预告片世界。预告片世界可以下载所有上映和即将上映的电影预告片。素材全面、高清，而且很方便，不需要注册就可以下载。同时，预告片上没有字幕，对创作者来说，他们节省了删减字幕的时间和精力。预告片浓缩了全影片的精华，官方为了吸引眼球，将预告片拍摄得非常精致和唯美，是做视频混剪的最佳素材，如图 7-15 所示。

图 7-15　预告片世界

（2）音范丝。音范丝专门提供电影素材下载，影视创作者可以在这里找到大量高清无水印的 4K 优质电影素材，还可以根据影单查看全球人气影视人物和作品详情。对很多不喜欢整理电影人物的创作者来说，用这个网站做人物混剪，可以减少很多麻烦。

（3）光厂素材。光厂素材是一个正版音视频素材交易平台，提供高清实拍、AE 模板、版权音乐等，商用无忧，一站式服务，可以使创作更高效，如图 7-16 所示。

图 7-16　光厂素材

（4）新片场素材。这是一款抖音短视频素材库，尤其是对于追潮流的小伙伴，这个网站是必备。非常强大的免费视频素材网站，海量视频库存，每周持续更新精美视频，非常方面下载使用，如图 7-17 所示。

图 7-17　新片场网站

（5）译学馆。这个网站很多人都不知道，上面主要集聚国内外的超多创意短视频，是我们做抖音取材的最佳宝地之一。

小白：好丰富啊，谢谢黄总监。

（五）短视频剧情创意的基本方法

黄总监：比较火爆的短视频常用的创意方法大概有九种：讲故事、表述、异常应用、荒谬选项、讲解或推荐、演示或揭示、拼接、时间错位、生活方式画像。事实上，很多短视频往往会综合应用创意方法，即一种创意方法主导，综合其他方法。一般来说，会出现以下两种情况：以一种方法为主导，辅以其他方法（所有方法是平级的）；以一种方法为主导，其他方法是这种主导方法得以实现的基础（其他方法是二级方法）。

小白：可以详细说说这些创意方法吗？

黄总监：可以。

1. 讲故事

讲故事是指通过特定的方式，对特定人物完成的某一过程的重新组织与展现。讲故事这一创意方式的吸引力来自两个方面：一方面是故事内容，另一方面就是叙事模式，即冲突（及其发展）的样式。"故事"不一定来自真正发生的事情；即使是真正发生的事情，用不同的方式讲出来，含义也有不同。所以，叙事模式很重要。

利用讲故事创意方式的网红视频主要是剧情短视频。哔哩哔哩 UP 主"陈翔六点半"发布过名为"有人在这流浪，有人在这成长"的短视频，截至 2023 年 7 月 10 日，该短视频播放量为 315 万次。

2. 表述

表述是指由特定人物或类人形象，通过某种载体（语言、歌唱、行为等），表达特定的观念、想法、主张、情感等。表述方式的吸引力在于表述内容本身的吸引力或冲击力。不过，表述的形式也会辅助强化吸引力，尤其是人物的"直视"。哔哩哔哩献给新一代的演讲"后浪"就是经典的"强势表述"。截至 2023 年 7 月 10 日，其播放量为 3 466.5 万次。通过直视镜头的强势表述形式，表达了对年轻人的看法与期待，如图 7-18 所示。话题本身的吸引力以及强势的表述形式，使视频具有相当高的关注度与冲击力。

图 7-18　哔哩哔哩平台"后浪"视频页面

3. 异常应用

异常应用是指将特定对象应用或置于另类的用途或场景中。异常应用方式的吸引力在于被应用或放置的方式的奇特性（出乎意料的程度）。哔哩哔哩 UP 主"手工耿"发布过名为"自制莫西干式自动喝饮料帽子"的视频。截至 2023 年 7 月 10 日，其播放量为 399.1 万次。视频中莫西干式自动喝饮料帽子制作完成后，"手工耿"展示了帽子可以应用在玩电脑游戏时喝饮料、在户外烤肉时体验莫西干式烤肉、寻找家里的猪时体验原始狩猎这三个场景中。该视频通过展示自制帽子的另类用途，突出了帽子的"多功能性"，同时也建构出视频的吸引力，如图 7-19 所示。

4. 荒谬选项

荒谬选项是指用异常奇特的方式来解决某一问题或需求。解决方式本身的奇特另类是其吸引力所在。哔哩哔哩 UP 主"手工耿"发布过一条名为"自制倒立洗头机"的视

图 7-19　哔哩哔哩平台"自制莫西干式自动喝饮料帽子"视频页面

频。截至 2023 年 7 月 10 日，其播放量为 1 384 万次。为了解决洗头麻烦的问题，"手工耿"制作了一款可以将倒立健身和洗头烘干融为一体的洗头机。

5. 讲解或推荐

讲解或推荐是指由某一人物或类人物角色对特定对象的某一方面（细节或特征）进行直接简单的说明或通过说明试图让人认同。两种方式都包含"说明"，只不过"意图性"强弱不同。实践当中，这种方式的吸引力往往来源于被说明对象有某种明显特征或讲解者有明显特征。但是相比于其他的创意方式，这种方式的吸引力往往不足。讲解是指直接简单说明某一对象或某种做法。而推荐是指在说明的过程中，明确试图让观众观看或认同。哔哩哔哩 UP 主"吃花椒的喵酱"发布过一条名为"带大家看看每个冬天我必去的地方"的视频，截至 2023 年 7 月 10 日，其播放量为 2 493 万次，如图 7-20所示。

图 7-20　哔哩哔哩平台"带大家看看每个冬天我必去的地方"视频页面

6. 演示或揭示

演示方式是指将某一对象简单直接地展示出来，揭示方式是指将正常情况下无法或难以简单看到或不想正视的内容展现出来。两种方式都包括"展示"，只不过展示的内容有的更日常，有的更复杂、更有难度。这一方式的关键是被展示对象自身具备的明显吸引力。例如，哔哩哔哩平台的"航拍中国第一季"视频，截至 2023 年 7 月 10 日，已经获得 2 376.9 万次观看，125.4 万次点赞，如图 7-21 所示。这一视频中的内容是很多人都难以看到的，就是想在现实世界中看到，也需要付出极大的努力。这就是揭示方式的吸引力所在。

图 7-21　哔哩哔哩平台"航拍中国第一季"视频页面

7. 拼接

拼接是指把具有明显不同空间属性的对象在形式上拼接组成一个整体，但内在层面上存在着不同甚至矛盾对立。从形式上看是一个整体，但同时又明显感受到不是一个整体。感受的复杂状态就是这种方式的吸引力。很多哔哩哔哩平台的"鬼畜"视频就使用拼接方式，即把本来没关系的东西拼接到一起，建构起强大的娱乐感。比如，在鬼畜区有一个名为"这是一场属于鬼畜的狂欢！"的视频，截至 2023 年 7 月 10 日，已经获得 228 万次观看。

8. 时间错位

时间错位是指让本来在时间上没有直接关联的不同对象之间发生直接的时间关联。哔哩哔哩发布过一条名为"中国一百年妆容演变史"的视频，截至 2023 年 7 月 10 日，已经获得 20.4 万次观看。这一视频通过跳跃方式，仿佛直接穿越了 100 年，但仿佛又原地没动。这就是这种时间错位方式的吸引力所在。

9. 生活方式画像

生活方式画像是指表现某些人的生活状态或行为方式。这种状态或方式会在一定程度上超越现实，有适度的理想化或适度的不真实，以此给某一部分人群提供"追求"或"向往"的目标。众多的 Vlog 风格的记录式内容是这类视频的典型。比如，哔哩哔哩平台"杨旭游记"发布的一条名为"外面突降暴雨，一个人开房车住在野外，享受着既孤独又自由的旅行"的视频，截至 2023 年 7 月 10 日，共计 305.2 万次观看，如图 7-22 所示。视频的拍摄者杨旭通过记录自己在旅游时的吃喝玩乐，展现了令人向往的悠闲舒适的旅游生活。这种生活明显超越绝大部分人的日常状态。

图 7-22　哔哩哔哩平台"杨旭游记"视频页面

小白：好的，我这就去看看。

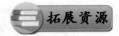

项目七　7-2 短视频中剧情内容创意

同步自测

1. 剧情短视频的核心要素包括（　　　）。

A. 价值追求　　　　　B. 演员相貌　　　　　C. 人物成长　　　　　D. 戏剧冲突

2. 主人公起床后发现早春细雨连绵，阳台挂满未干的衣物，根本找不到能穿的衣服。幸好邻居买了某某牌烘干机，帮助自己解决衣物晾不干的难题。这个案例属于剧情冲突中的（　　　）。

A. 信息错位　　　　　　　　　　　　B. 社会阻力造成的意外影响

C. 力量失衡　　　　　　　　　　　　D. 不可阻挡的自然外力

3. 剧情创意的特点包括（　　　）。

A. 互动性　　　　　B. 娱乐性　　　　　C. 快餐性　　　　　D. 大众性

4. （　　　）是指由特定人物或类人形象，通过某种载体（语言、歌唱、行为等），表达特定的观念、想法、主张、情感等。

A. 荒谬选项　　　　　B. 比喻　　　　　C. 表述　　　　　D. 异常应用

5. 哔哩哔哩 UP 主"陈翔六点半"发布的名为"有人在这流浪，有人在这成长"的视频，属于剧情创意中的（　　　）。

A. 竞争　　　　　B. 讲故事　　　　　C. 拼接　　　　　D. 演示/揭示

6. 异常应用是指用异常奇特的方式来解决某一问题或需求，解决方式本身的奇特另类是其吸引力所在。（　　　）

A. √　　　　　　　　　　　　　　　B. ×

7. 时间错位的创意方式是指让本来在时间上没有直接关联的不同对象之间发生直接的时间关联。（　　　）

A. √　　　　　　　　　　　　　　　B. ×

任务发布

制作一个表现校园正能量的故事短视频

1. 任务背景

"短视频"作为一种新兴的艺术形式，在当今时代迅速发展和壮大。每个人只要有一台摄像机，一个梦想，一点创意，就有机会用自己的创意和梦想展示这个多彩的世界。为深入贯彻落实党的二十大精神，响应国家政策，建设文明校园，传递学校正能量尤为重要。在学校传递正能量的方式有许多，本项目采取的主要形式是"短视频"。和谐社会需要伟大精神，文明校园需要榜样引领。要坚持正确的舆论导向，弘扬主旋律，进一步展现校园大爱，彰显人性大美，传播正能量，引领学生立志先进，激励学生见贤思齐、勤奋学习、不断进取，为实现中华民族伟大复兴的中国梦贡献汗水与智慧。

2. 短视频的构思策划

整个故事是讲一位高考失意的学生，面临着上专科还是去打工的抉择，后面他选择了上专科，然后在专科学校里认真学习，挥洒汗水，走出了属于自己的路，也得到了父母、朋友的认可。整个故事分为五个场景。

场景1：描写了高考失利后，"我"向父母说明了这件事。父亲让"我"放弃学业，而母亲却非常支持"我"，让"我"自己拿主意，最后"我"选择了继续上专科学校。

场景2：刚开始，"我"在学校里没有办法融入同学。室友们都在玩耍，而"我"却想要一个安静的地方学习，图书馆成了"我"的第二个家。

场景3：同学们知道"我"很喜欢篮球，到图书馆来叫"我"一起打篮球。在打篮球比赛时，"我"找到了自信，与同学之间的关系也融洽起来。最后，"我"和同学相约以后一起去图书馆学习。

场景4："我"与同学一起努力学习，开设工作室，参加省里的学科比赛，并获了奖。"我"得到了同学们与老师的认可。

场景5："我"向父母讲述了"我"在学校的学习与生活，得到了父母的认同。"我"相信是金子在哪里都会发光。

3. 项目分镜设计

分镜头脚本如表7-1所示。

表7-1　分镜头脚本

序号	旁白	景别	摄影机运动	镜头内容
1	奶奶跟我说过	中景	平移	火车车厢
2	每个人都有自己的命运	中景	摇	"我"在铁轨上走
3	高考失利，让"我"对未来越发迷茫，父母是农村人	全景	固定	"我"一边在铁轨上走，一边与父亲商量未来的打算
4		近景	固定	"我"与父亲在打电话
5	和父亲的严厉不同，母亲和往常一样包容"我"	近景	跟	电话里母亲支持"我"自己拿主意填写志愿
6	三个月后	中景	固定	在学校食堂买饭
7	开始了自己的专科生活	全景	固定	在学校食堂吃饭
8	和想象中的一样	中景	固定	"我"在图书馆里看书

序号	旁白	景别	摄影机运动	镜头内容
9	但是似乎又不一样	中景	平移	"我"在图书馆里看书
10	对没有考上本科的学生来说要弥补遗憾，最好的方法便是加倍努力学习，寻找心中的梦	中景	固定	"我"在寝室里认真学习
11	但是"我"的室友们好像并不这么想	中景	平移	"我"在寝室认真学习，而"我"的室友们却在玩游戏
12	图书馆成了"我"的第二个家	中景	平移	"我"在图书馆认真看书
13	除了学习，篮球也是"我"的最爱	中景	固定	室友到图书馆叫"我"一起打球
14	篮球场上	全景	拉	室友们在篮球场上相互鼓励
15	"我"尽情地挥洒自己的汗水	全景	固定	室友们在篮球场上打球
16	沉浸在自己喜欢的运动中	全景	固定	"我"在篮球场上挥洒汗水
17	似乎找回了高中的"我"	全景	固定	"我"在篮球场上挥洒汗水
18	从那天开始，似乎一切都变了	全景	平移	"我"和同学并肩走出体育馆
19	"我"和同学组建了工作室	全景	固定	"我"和同学成立了工作室
20	在"我"和同学的努力下	全景	固定	"我"在工作室开会
21	进了省赛决赛	全景	固定	"我"和同学在工作室讨论
22	也得到了属于"我"自己的奖学金	全景	固定	"我"得到了同学与老师的认可
23	挫折是一时的，努力就有机会	全景	跟	"我"在跑道上走路
24	只要是金子	全景	固定	"我"在铁路边走路
25	无论到哪都无法掩盖光芒	全景	拉	"我"在学校操场上

4. 拍摄短视频素材

素材

短视频 制作与运营

5. 短视频的剪辑与特效合成

步骤 1：新建项目工程，如图 7-23 所示。

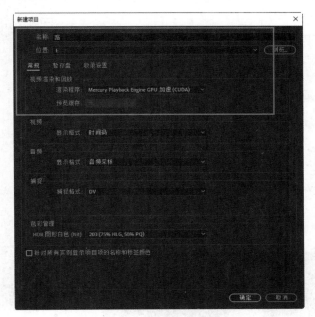

新建项目工程

图 7-23　新建工程文件

步骤 2：新建序列，如图 7-24 所示。

新建序列

图 7-24　新建序列

步骤 3：导入素材，如图 7-25 所示。

导入素材

图 7-25 导入素材

步骤 4：在 Premiere 里，按分镜剪辑素材，并加入旁白声音，如图 7-26 所示。

剪辑素材、
旁白、调色

图 7-26 在 Premiere 里剪辑操作

步骤 5：在 Premiere 里保存工程文件，如图 7-27 所示。

在 Premiere 里
保存工程文件

图 7-27 保存工程文件

步骤 6：用剪映打开 Premiere 的工程文件，如图 7-28 所示。

用剪映打开 Premiere
的工程文件

图 7-28　用剪映打开 Premiere 的工程文件

步骤 7：在剪映里添加文字，用"开始识别"快速加字，如图 7-29 所示。

在剪映里添加文字

图 7-29　添加文字

步骤 8：在剪映里编辑文字，如图 7-30 所示。

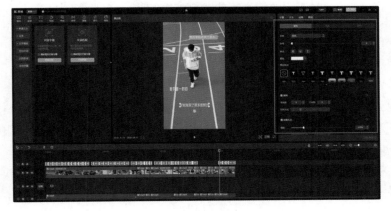

在剪映里编辑文字

图 7-30　在剪映里编辑文字

步骤 9：在剪映里导出成品，如图 7-31 所示。

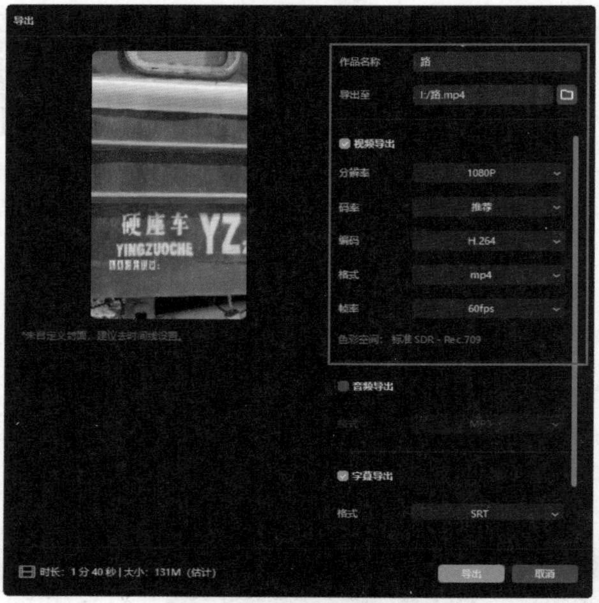

在剪映里导出成品

图 7-31　导出作品

6. 最终作品

最终作品

拓展任务

制作一个关于学校招生宣传的剧情短视频

1. 背景

黄总监：小白，想不想为学校制作一个招生宣传的剧情短视频？

小白：当然想！

黄总监：商韵百载，德馨未来，浙江商业职业技术学院前身为创办于 1911 年的杭州中等商业学堂。一百多年来，学校秉承“诚、毅、勤、朴”的校训，坚持“育人为本，服务社会”的办学方针，培养了一大批专业技术人才。

现如今学校占地面积 592 亩，建筑面积逾 23 万平方米，主校区坐落在风景如画的钱塘江南岸杭州滨江高教园区内；纸质图书藏书 100 万余册，电子藏书近 331 万册；共建有 12 个二级学院，开设高职专科专业 37 个；共有全日制在校生 14 000 余人，教职工 650 余人，其中专任教师 500 余人；被教育部认定为国家优质专科高等职业院校。

2. 任务内容

黄总监：深入了解浙商校史、名校友、学校环境、周边环境和师资力量等内容，并顺应当下发展制作一个有利于学校招生的剧情短视频。

（1）校史。通过展现学校丰富的历史文化信息，使学校超越单一的事物而成为立体的文化生活，让校史从单纯的数字历史中，展现出活的校园文化历史。

（2）名校友是母校最好的"名片"。提前联系沟通，由校友亲自讲述，从侧面诠释学校培养学生活力、让学生实现不同可能性的教育理念。这样做更具亲和力，也比较容易引起观众的共鸣。

（3）学校环境。良好的自然环境是校园环境的一部分。实际上，教师和学生的良好精神面貌也是校园的一个重要组成部分，在宣传片中，应该保持良好的精神面貌，把学校良好的校园环境充分展示出来。

（4）周边环境。城乡社区建设不断发展和完善，学校作为社会的重要组成部分，与社会、社区、家庭的联系日益紧密，学校不再是封闭的"象牙塔"，因此应适当展示其周边的环境和设施。

（5）师资、领导能力、学校的基础硬件设施固然重要，但更重要的是学校优秀教师资源的配置。学校教师的年龄与资历，是衡量学校师资力量的关键因素。强有力的教师是学校的根基，也是宣传片必须表现的部分。

3. 任务安排

本任务是一个团队任务，要求成员运用以上讲解过的知识分工协作完成，时间为 7 天，完成后上交"拍摄分镜脚本"与"短视频最终成片"，并做好交流的准备。

素养提升

党的二十大报告指出要"加强知识产权法治保障，形成支持全面创新的基础制度"。在新媒体时代，短视频平台的知识产权尤为重要。

在各大短视频平台只要搜索"抄袭"或类似搜索标签，就能搜索出数量相当庞大的相关视频，上至大 V 下至新人博主，不论影响力高低，都有被抄袭的经历。较为常见的短视频侵权方式有直接搬运、视频剪辑（去水印、替换音乐）等。短视频同样具有知识产权，不能就这么轻易地被"偷走"了。

小白：有什么打击抄袭的手段吗？

黄总监：（1）视频创作者可以向平台申诉。根据《"抖音"用户服务协议》中涉及侵权内容的管理条款，抖音平台对用户举报的侵权内容进行核实、处理，切实维护广大网民的合法权益。其次，依据我国著作权法的规定，视频作品的著作权是依法受保护的。如果被非法侵犯，著作权人可以到著作权行政管理部门投诉。

（2）短视频平台作为技术服务提供者，首先应当尽到合理的注意义务，对平台上发布的内容进行审核、监管，如有证据证明平台知道或应当知道侵权行为的，则属于共同侵权，平台与作者应当承担连带责任；其次，在收到被侵权人通知后，应当及时删除或下架被控侵权作品，以防止损害结果进一步扩大，并对侵权人、侵权内容进行持续监控，在维护原创作者权益的同时，也为平台的良性运转提供保障。

只有原创视频博主以及作为观众的我们更加重视对短视频作品的保护、更善于使用法律武器来维权，才能在维护原创视频博主合法权益的同时，更好地推动短视频行业的长期健康发展。为了保障原创者的权益，《中华人民共和国著作权法》第五十二条，《中华人民共和国民法典》第一千一百九十四条、第一千一百九十五条、第一千一百九十六条以及第一千一百九十七条列了明确法律条文。

思维导图

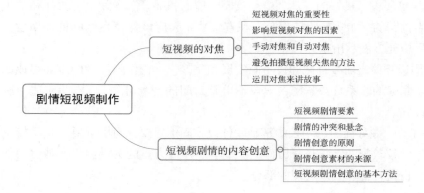

剧情短视频制作

短视频的对焦
- 短视频对焦的重要性
- 影响短视频对焦的因素
- 手动对焦和自动对焦
- 避免拍摄短视频失焦的方法
- 运用对焦来讲故事

短视频剧情的内容创意
- 短视频剧情要素
- 剧情的冲突和悬念
- 剧情创意的原则
- 剧情创意素材的来源
- 短视频剧情创意的基本方法

课程测试

1. 选择题

（1）（　　）是指表现某些人的生活状态或行为方式。这种状态或方式会在一定程度上超越现实，有适度的理想化或适度的不真实，以此给某一部分人群提供"追求"或"向往"的目标。

　A. 时间错位　　　　　　　　　　B. 荒谬选项

　C. 异常应用　　　　　　　　　　D. 生活方式画像

（2）（　　）是指力量失衡，既指话语权的失衡，也暗指物理力量悬殊，容易引发弱者怨愤。

　A. 源于个性缺陷　　　　　　　　B. 源于力量失衡

　C. 源于信息错位　　　　　　　　D. 源于对未知的恐惧

（3）索尼 A7S3 打开人脸追焦功能操作步骤排序正确的是（　　）。

　①自动对焦区域模式选择"广域"　②相机自动对焦模式选择"AF-C"　③打开菜单页面找到"人脸/眼部 AF 设置"，将"人脸检测框显示"开启

　A. ②①③　　　　B. ①③②　　　　C. ③②①　　　　D. ②③①

（4）（　　）是指将两种对象在某一特征方面进行对比、相互干扰甚至对抗，最终某一方胜出。

　A. 表述　　　　　B. 拼接　　　　C. 竞争　　　　D. 时间错位

（5）根据《中华人民共和国著作权法》第五十二条，有（　　　）侵权行为的，应当根据情况，承担停止侵害、消除影响、赔礼道歉、赔偿损失等民事责任。

A. 未经著作权人许可，发表其作品的

B. 歪曲、篡改他人作品的

C. 剽窃他人作品的

D. 使用他人作品，应当支付报酬而未支付的

（6）戏剧冲突分为外在冲突与内在冲突，外在冲突由（　　　）构成。

A. 人物的心理冲突　　　　　　　　　　B. 旁白的冲突

C. 人与环境的冲突　　　　　　　　　　D. 人与人的冲突

（7）手动对焦通常是在需要对焦的情况下使用，包括（　　　）。

A. 相机和被拍摄主体距离较近

B. 相机和被拍摄主体之间有密集障碍物

C. 拍摄逆光、镜头吃光的时候

D. 想要故意拍摄虚化的照片

2. 判断题

（1）由于相机的对焦原理是基于对象间反差，因此，所拍摄的对象反差越大越不容易对焦。　　　　　　　　　　　　　　　　　　　　　　　　　　　　　　（　　）

（2）根据《中华人民共和国民法典》第一千一百九十七条，网络服务提供者知道或者应当知道网络用户利用其网络服务侵害他人民事权益，未采取必要措施的，与该网络用户承担连带责任。　　　　　　　　　　　　　　　　　　　　　　　　　　　（　　）

（3）揭示方式是指将某一对象简单直接地展示出来，演示方式是指将正常情况下无法或难以简单看到或不想正视的内容展现出来。　　　　　　　　　　　　　　（　　）

（4）手动对焦的对焦方法，就是将镜头上的开关调到 MF 模式（或者 M 模式），然后手动调节镜头上的对焦环直到画面清晰。　　　　　　　　　　　　　　　　（　　）

（5）没有反差或低反差的对象不适合充当对焦对象，如大块白云，纯净的水面、冰面、墙面，纯色的背景布等。　　　　　　　　　　　　　　　　　　　　　（　　）

3. 简答题

（1）简述拍摄短视频时，对焦的步骤。

（2）剧情创意中的原则有哪些？

（3）简述几种短视频剧情创意的方法。

综合实训

黄总监为了让小白更深刻地理解剧情短视频的拍摄与制作，通过实训来进行练习。

1. 实训目标

根据前面所学的内容，制作以"校园青春"为主题的剧情短视频。

2. 实训内容

（1）构思剧情内容创意并编写脚本。

（2）利用自己拥有的拍摄器材，如手机、相机等，拍摄剧情短视频。

（3）利用相关的制作软件完成短视频的后期制作。

（4）将制作好的短视频上传到短视频平台。

3. 实训要求

（1）在制作的过程中查漏补缺，学习自己不擅长的对焦、内容创意等知识。

（2）上传短视频之后注意观察短视频的播放量，分析短视频可能存在的不足之处。

（3）短视频要求：内容健康，分辨率 1 080 像素×1 920 像素，25 帧；配文字；要有旁白；在适当的地方要有背景音乐。

参考文献

［1］ 罗建明. 零基础玩转短视频：拍摄+剪辑+运营+直播+带货［M］. 北京：化学工业出版社，2021.

［2］ 郭韬，刘琴琴. 短视频制作实战 策划 拍摄 制作 运营［M］. 北京：人民邮电出版社，2020.

［3］ 头号玩家. 零基础玩转短视频：短视频新手入门读物和从业指南［M］. 天津：天津科学技术出版社，2019.

［4］ 彭曙光. 从零开始学抖音短视频运营和推广［M］. 第 2 版. 北京：清华大学出版社，2020.

［5］ 龙飞. 剪映短视频剪辑从入门到精通：调色+特效+字幕+配音［M］. 北京：化学工业出版社，2021.

［6］ 王小亦. 短视频文案：创意策划、写作技巧和视觉优化［M］. 北京：化学工业出版社，2022.

［7］ 吕白. 人人都能做出爆款短视频［M］. 北京：机械工业出版社，2020.

［8］ 门一润，黄博. 短视频拍摄与制作［M］. 北京：清华大学出版社，2022.

［9］ 赵厚池. 抖音电商从入门到精通：直播与短视频数据分析和运营［M］. 北京：清华大学出版社，2022.

［10］ 雷波. 手机短视频拍摄、剪辑与运营变现从入门到精通［M］. 北京：化学工业出版社，2021.

［11］ 雷波. 短视频内容创作、账号运营与 11 个盈利途径［M］. 北京：化学工业出版社，2023.

［12］ 黑马唐. 短视频运营实战全攻略［M］. 北京：机械工业出版社，2021.

［13］ 木白. 运镜师手册：短视频拍摄与脚本设计从入门到精通［M］. 北京：北京大学出版社，2023.

［14］ 颜描锦. 手机摄影与短视频拍摄实战从入门到精通［M］. 北京：清华大学出版社，2022.

［15］ 刘纬. Premiere Pro 2022 从新手到高手［M］. 北京：清华大学出版社，2022.

［16］ 方国平. Adobe Audition 音频编辑：录制+后期+有声书+播客+翻唱一本通［M］. 北京：电子工业出版社，2022.

［17］ 唐铮，刘畅，佟海宝. 短视频运营实战［M］. 北京：人民邮电出版社，2021.